Mosab Nouraldein Mohammed
Tarig Mohammed Elfaki

Malariologia Essencial

Mosab Nouraldein Mohammed
Tarig Mohammed Elfaki

Malariologia Essencial

Imprint

Any brand names and product names mentioned in this book are subject to trademark, brand or patent protection and are trademarks or registered trademarks of their respective holders. The use of brand names, product names, common names, trade names, product descriptions etc. even without a particular marking in this work is in no way to be construed to mean that such names may be regarded as unrestricted in respect of trademark and brand protection legislation and could thus be used by anyone.

Cover image: www.ingimage.com

This book is a translation from the original published under ISBN 978-620-2-05168-2.

Publisher:
Sciencia Scripts
is a trademark of
Dodo Books Indian Ocean Ltd. and OmniScriptum S.R.L publishing group

120 High Road, East Finchley, London, N2 9ED, United Kingdom
Str. Armeneasca 28/1, office 1, Chisinau MD-2012, Republic of Moldova, Europe
Printed at: see last page
ISBN: 978-620-7-63756-0

Copyright © Mosab Nouraldein Mohammed, Tarig Mohammed Elfaki
Copyright © 2024 Dodo Books Indian Ocean Ltd. and OmniScriptum S.R.L publishing group

Conteúdo:

DEDICAÇÃO

A todas as pessoas boas do mundo

RECONHECIMENTO:

Queremos agradecer a todas as pessoas que nos encorajaram desde o nosso nascimento até agora.

Capítulo 1. Introdução:

Descrições reconhecíveis da malária foram registadas em textos chineses, indianos, egípcios e mesopotâmicos já há 5.000 anos. As provas das sequências de ADN humano mostram que os efeitos da malária são ainda mais antigos, influenciando a evolução humana ao longo de dezenas de milhares de anos. Não é exagero dizer que a malária desempenhou um papel crucial na história da humanidade, determinando o destino de exércitos e impérios. A malária derrubou Alexandre, o Grande, e salvou Roma das hordas de Átila. Apelidado de "Rei das Doenças" nos Vedas, o seu nome moderno vem da península italiana, onde se pensava que a mal'aria ou "mau ar" causava as debilitantes febres paroxísticas terciárias ou quartãs (de três ou quatro dias) e as mortes febris que assolavam a população todos os anos durante milénios. [1]

A malária é uma doença transmitida por mosquitos e causada por um parasita. As pessoas com malária têm frequentemente febre, arrepios e doenças semelhantes à gripe. Se não forem tratadas, podem desenvolver complicações graves e morrer. Em 2015, estima-se que tenham ocorrido 212 milhões de casos de malária em todo o mundo e que tenham morrido 429 000 pessoas, na sua maioria crianças na região africana. Todos os anos são diagnosticados cerca de 1.700 casos de malária nos Estados Unidos. A grande maioria dos casos nos Estados Unidos ocorre em viajantes e imigrantes que regressam de países onde a malária é transmitida, muitos deles da África Subsariana e do Sul da Ásia. [2]

A malária pode ocorrer se for picado por um mosquito infetado com o parasita *Plasmodium*. Uma mãe infetada também pode transmitir a doença ao seu bebé à nascença. Isto é conhecido como malária congénita. A malária é transmitida pelo sangue, pelo que também pode ser transmitida através de:

- um transplante de órgão
- Transfusão de sangue
- Utilização de agulhas ou seringas partilhadas. [3]

História da malária

Os parasitas da malária estão connosco desde o início dos tempos. Provavelmente tiveram origem em África (juntamente com a humanidade) e os fósseis de mosquitos com até 30 milhões de anos mostram que o vetor da malária, o mosquito da malária, estava presente muito antes da história mais antiga. Hipócrates, um médico nascido na Grécia antiga, hoje considerado o "Pai da Medicina", foi o primeiro a descrever as manifestações da doença e a relaciná-las com a época do ano e com o local onde viviam os doentes. Antes disso, culpava-se o sobrenatural. A associação com águas estagnadas (criadouros do mosquito Anopheles) levou os romanos a iniciar programas de drenagem, a primeira intervenção contra a malária.

O primeiro tratamento registado data de 1600, quando a casca amarga da árvore Cinchona, no Peru, foi utilizada pelos índios peruanos nativos. Em 1649, a casca estava disponível em Inglaterra, sob a designação de "pó dos jesuítas", para que as pessoas que sofriam de "agues" pudessem beneficiar da substância química quinina, que continha. Só em 1889 é que o protozoário (parasita unicelular) causador da malária foi descoberto por Alphonse Laveran, trabalhando na Argélia, e só em 1897 é que Ronald Ross demonstrou que o mosquito Anopheles era o vetor da doença.

Quando Alphonse Laveran, em 1879, iniciou as suas investigações no hospital militar de Bone, na Argélia, tinha apenas como objetivo explicar o papel das partículas de pigmento preto presentes no sangue das pessoas que sofriam de malária. Depois de 1850, quando essas partículas, chamadas melaninas, foram descobertas, discutiam-se métodos para determinar se elas se encontravam apenas em doentes com malária ou se estavam presentes também noutras doenças. Laveran começou por resolver este problema, que era particularmente importante para o diagnóstico da malária. Durante as suas investigações, Laveran não encontrou apenas as partículas que procurava: encontrou também alguns corpos totalmente desconhecidos com determinadas características que o levaram a supor que se tratava de parasitas. As suas primeiras investigações foram efectuadas em sangue fresco, sem recorrer a reacções químicas ou a qualquer processo de coloração. No entanto, com este método primitivo de exame, conseguiu distinguir e descrever a maior parte das formas mais importantes adoptadas por estes novos corpos, que variavam muito na sua aparência. [4]

Factos sobre a malária :

• A malária é uma doença potencialmente fatal causada por parasitas que são transmitidos às pessoas através da picada de fêmeas infectadas do mosquito *Anopheles*.

• Em 2015, 91 países e zonas registaram uma transmissão contínua de malária.

• A malária é evitável e curável, e os esforços acrescidos estão a reduzir drasticamente o fardo da malária em muitos locais.

• Entre 2010 e 2015, a incidência da malária entre as populações de risco (a taxa de novos casos) diminuiu 21% a nível mundial. Nesse mesmo período, as taxas de mortalidade por malária entre as populações em risco diminuíram 29% a nível mundial, em todos os grupos etários, e 35% entre as crianças com menos de 5 anos.

• A Região Africana da OMS tem uma quota desproporcionalmente elevada do fardo global do paludismo. Em 2015, a região registou 90% dos casos de paludismo e 92% das mortes por paludismo. [5]

Capítulo 2. Biologia do parasita da malária

A ecologia natural da malária implica que os parasitas da malária infectem sucessivamente dois tipos de hospedeiros: os seres humanos e as fêmeas dos mosquitos *Anopheles*. Nos seres humanos, os parasitas crescem e multiplicam-se primeiro nas células do fígado e depois nos glóbulos vermelhos do sangue. No sangue, sucessivas ninhadas de parasitas crescem no interior dos glóbulos vermelhos e destroem-nos, libertando parasitas filhas ("merozoitos") que continuam o ciclo invadindo outros glóbulos vermelhos.

Os parasitas da fase sanguínea são os que causam os sintomas da malária. Quando certas formas de parasitas da fase sanguínea ("gametócitos") são apanhadas por uma fêmea do mosquito *Anopheles* durante uma refeição de sangue, iniciam outro ciclo diferente de crescimento e multiplicação no mosquito.

Após 10-18 dias, os parasitas encontram-se (como "esporozoítos") nas glândulas salivares do mosquito. Quando o mosquito *Anopheles* toma uma refeição de sangue de outro ser humano, os esporozoítos são injectados com a saliva do mosquito e iniciam outra infeção humana quando parasitam as células do fígado.

Assim, o mosquito transporta a doença de um ser humano para outro (actuando como um "vetor"). Ao contrário do hospedeiro humano, o mosquito vetor não sofre com a presença dos parasitas.

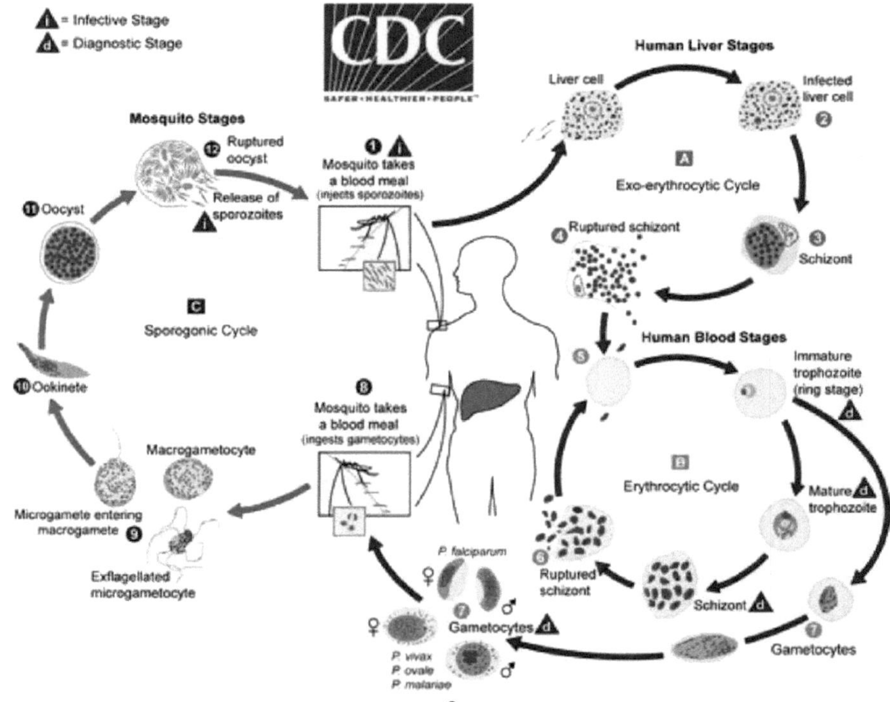

O ciclo de vida do parasita da malária envolve dois hospedeiros. Durante uma refeição de sangue, uma fêmea do mosquito *Anopheles* infetada com malária inocula esporozoítos no hospedeiro humano ❶ . Os esporozoítos infectam as células do fígado ❷ e amadurecem em esquizontes ❸ , que se rompem e libertam merozoítos ❹ (É de notar que, no *P. vivax* e no *P. ovale,* uma fase dormente [hipnozoítos] pode persistir no fígado e causar recaídas ao invadir a corrente sanguínea semanas ou mesmo anos mais tarde). Após esta replicação inicial no fígado (esquizogonia exo-eritrocítica Ⓐ), os parasitas multiplicam-se assexuadamente nos eritrócitos (esquizogonia eritrocítica Ⓑ). Os merozoítos infectam os glóbulos vermelhos ❺ . Os trofozoítos em fase de anel amadurecem em esquizontes, que se rompem libertando merozoítos. Alguns parasitas diferenciam-se em estádios eritrocíticos sexuais (gametócitos) ❼ . Os parasitas da fase sanguínea são responsáveis pelas manifestações clínicas da doença.

Os gametócitos, machos (microgametócitos) e fêmeas (macrogametócitos), são ingeridos por um mosquito *Anopheles* durante uma refeição de sangue ❽ . A multiplicação dos parasitas no mosquito é conhecida como ciclo esporogónico Ⓒ . Enquanto estão no estômago do mosquito, os microgametas penetram nos macrogametas, gerando zigotos ❾ . Os zigotos, por sua vez, tornam-se móveis e alongados (ookinetes) ❿ que invadem a parede do intestino médio do mosquito onde se desenvolvem em oocistos ⓫ . Os oocistos crescem, rompem-se e libertam esporozoítos ⓬ , que se dirigem para as glândulas salivares do mosquito. A inoculação dos esporozoítos ❶ num novo hospedeiro humano perpetua o ciclo de vida da malária. [6]

O parasita da malária tem um ciclo de vida complexo, com várias fases, que ocorre em dois seres vivos, os mosquitos vectores e os hospedeiros vertebrados. A sobrevivência e o desenvolvimento do parasita nos hospedeiros invertebrados e vertebrados, em ambientes intracelulares e extracelulares, são possíveis graças a um conjunto de ferramentas com mais de 5.000 genes e respectivas proteínas especializadas que ajudam o parasita a invadir e a crescer em vários tipos de células e a escapar às respostas imunitárias do hospedeiro. O parasita passa por várias fases de desenvolvimento, tais como os esporozoítos (Gr. *Sporos* = sementes; a forma infecciosa injectada pelo mosquito), os merozoítos (Gr. *Meros* = peça; a fase que invade os eritrócitos), os trofozoítos (Gr. *Trophes* = alimento; a forma que se multiplica nos eritrócitos) e os gametócitos (fases sexuais) e todas estas fases têm as suas próprias formas e estruturas únicas e complementos proteicos. As proteínas de superfície e as vias metabólicas estão sempre a mudar durante estas diferentes fases, o que ajuda o parasita a escapar à depuração imunitária, criando também problemas para o desenvolvimento de medicamentos e vacinas.

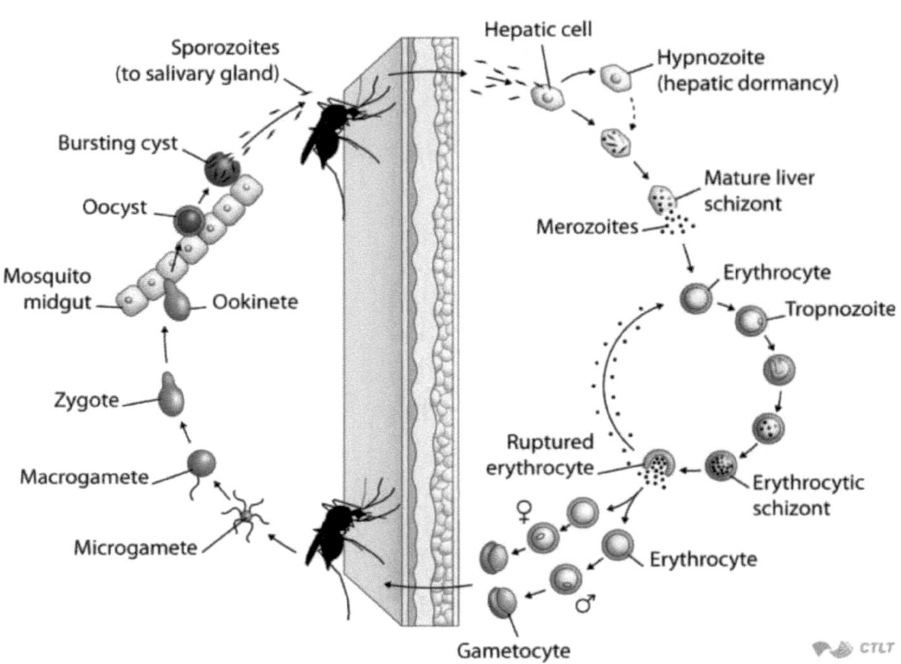

Esporogonia nos Mosquitos:

Os mosquitos são os hospedeiros definitivos dos parasitas da malária, onde ocorre a fase sexual do ciclo de vida do parasita. A fase sexual é designada por *esporogonia* e resulta no desenvolvimento de inúmeras formas infectantes do parasita no interior do mosquito, que induzem a doença no hospedeiro humano após a sua injeção com a picada do mosquito.

Quando a fêmea do *Anopheles* se alimenta de sangue de um indivíduo infetado com malária, os gametócitos masculinos e femininos do parasita entram no intestino do mosquito. As alterações moleculares e celulares nos gametócitos ajudam o parasita a adaptar-se rapidamente ao hospedeiro inseto, em vez do hospedeiro humano de sangue quente, e a iniciar o ciclo esporogónico. Os gametas masculinos e femininos fundem-se no intestino do mosquito para formar zigotos, que subsequentemente se desenvolvem em oocinetes de movimento ativo que se enterram na parede do intestino médio do mosquito para se desenvolverem em oocistos. O crescimento e a divisão de cada oocisto produzem milhares de formas haplóides activas denominadas esporozoítos. Após a fase esporogónica de 8-15 dias, o oocisto rebenta e liberta esporozoítos na cavidade corporal do mosquito, de onde viajam e invadem as glândulas salivares do mosquito. Quando o mosquito, assim carregado de esporozoítos, toma outra refeição de sangue, os esporozoítos são injectados das suas glândulas salivares na corrente sanguínea humana, causando a infeção por malária no hospedeiro humano. Verificou-se que o mosquito infetado e o parasita se beneficiam mutuamente, promovendo assim a transmissão da infeção. Os mosquitos infectados com *Plasmodium* têm uma maior sobrevivência e mostram uma maior taxa de alimentação sanguínea, particularmente de um hospedeiro infetado.

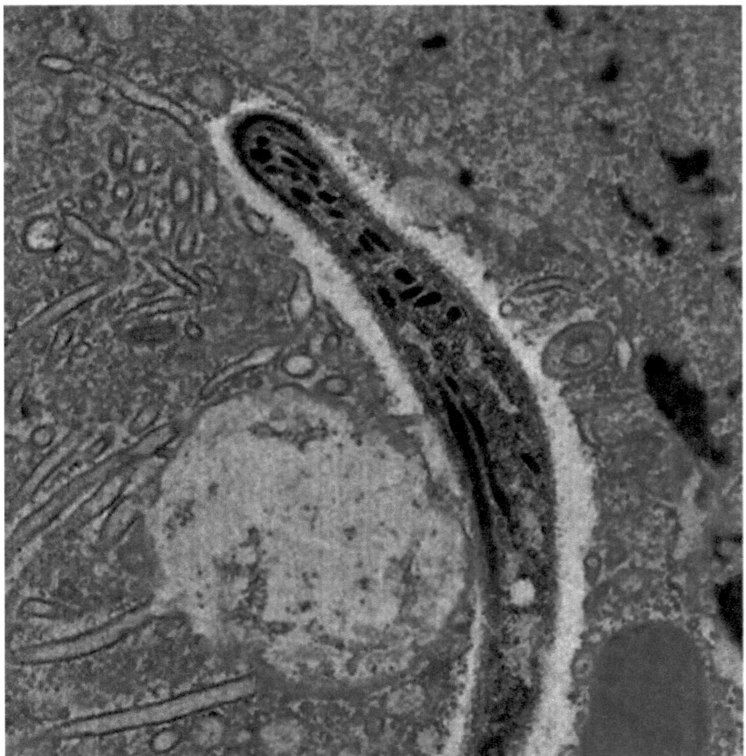

TEM colorido de esporozoítos de malária no intestino de um mosquito Anopheles

Esquizogonia no hospedeiro humano:

O homem é o hospedeiro intermediário da malária, onde ocorre a fase assexuada do ciclo de vida. Os esporozoítos inoculados pelo mosquito infetado iniciam esta fase do ciclo a partir do fígado, e a última parte continua nos glóbulos vermelhos, o que resulta nas várias manifestações clínicas da doença.

Fase pré-eritrocítica - Esquizogonia no fígado:

Com a picada do mosquito, dezenas a algumas centenas de esporozoítos invasivos são introduzidos na pele. Após a deposição intradérmica, alguns esporozoítos são destruídos pelos macrófagos locais, alguns entram nos linfáticos e outros encontram um vaso sanguíneo. Os esporozoítos que entram num vaso linfático chegam ao gânglio linfático de drenagem, onde alguns dos esporozoítos se desenvolvem parcialmente em estádios exo-eritocíticos e podem também estimular as células T a montar uma resposta imunitária protetora.

Os esporozoítos que encontram um vaso sanguíneo atingem o fígado em poucas horas. Foi recentemente demonstrado que os esporozoítos se deslocam através de uma sequência contínua de motilidade stick-and-slip, utilizando a família de proteínas anónimas relacionadas com a trombospondina (TRAP) e um motor de actina-miosina. Os esporozoítos atravessam então os sinusóides hepáticos e migram para alguns hepatócitos, multiplicando-se e crescendo em vacúolos parasitóforos. Cada esporozoíto desenvolve-se num esquizonte que contém 10.000-30.000 merozoítos (ou mais no caso do *P. falciparum)*. O crescimento e o desenvolvimento do parasita nas células do fígado são facilitados por um ambiente favorável criado pela proteína circum-esporozoíta do parasita. Toda a fase pré-eritrocítica dura cerca de 5-16 dias, dependendo da espécie do parasita:] em média, 5-6 dias para o *P. falciparum,* 8 dias para o *P. vivax,* 9 dias para o *P. ovale,* 13 dias para o *P. malariae* e 8-9 dias para o *P. knowlesi* A fase pré-eritrocítica continua a ser uma fase "silenciosa", com pouca patologia e sem sintomas, uma vez que apenas alguns hepatócitos são afectados. Esta fase é também um ciclo único, ao contrário da fase eritrocítica seguinte, que ocorre repetidamente.

Os merozoítos que se desenvolvem no hepatócito estão contidos em vesículas derivadas de células hospedeiras chamadas merossomas que saem do fígado intactas, protegendo assim os merozoítos da fagocitose pelas células de Kupffer. Estes merozoítos são eventualmente libertados na corrente sanguínea nos capilares pulmonares e iniciam a fase sanguínea da infeção.

No paludismo por *P. vivax* e *P. ovale*, alguns dos esporozoítos podem permanecer dormentes durante meses no fígado. Designadas por hipnozoítos, estas formas desenvolvem-se em esquizontes após um período de latência, normalmente de algumas semanas a meses. Foi sugerido que estes hipnozoítos de desenvolvimento tardio são genotipicamente diferentes dos esporozoítos que causam a infeção aguda logo após a inoculação por uma picada de mosquito e que, em muitos doentes, causam recaídas da infeção clínica após semanas a meses.

Esquizogonia eritrocítica

Os glóbulos vermelhos são o "palco central" para o desenvolvimento assexuado do parasita da malária. No interior dos glóbulos vermelhos, ocorrem ciclos repetidos de desenvolvimento parasitário com uma periodicidade precisa e, no final de cada ciclo, são libertadas centenas de novos parasitas-filhas que invadem um maior número de glóbulos vermelhos.

Os merozoítos liberados pelo fígado reconhecem, se ligam e entram nos glóbulos vermelhos (RBCs) por múltiplas interações recetor-ligante em apenas 60 segundos. Este rápido desaparecimento da circulação para os glóbulos vermelhos minimiza a exposição dos antigénios na superfície do parasita, protegendo assim estas formas parasitárias da resposta imunitária do hospedeiro. A invasão dos merozoítos nos glóbulos vermelhos é facilitada por interacções moleculares entre ligandos distintos no merozoíto e receptores do hospedeiro na membrana dos eritrócitos. *O P. vivax* invade apenas os eritrócitos positivos para o grupo sanguíneo Duffy, utilizando a proteína de ligação Duffy e a proteína de homologia dos reticulócitos, que se encontram maioritariamente nos reticulócitos. *O P. falciparum*, mais virulento, utiliza várias famílias de receptores diferentes e vias de invasão alternativas que são altamente redundantes. Variedades de proteínas homólogas do tipo Duffy binding-like (DBL) e as proteínas homólogas do tipo reticulócitos binding-like do *P. falciparum* reconhecem diferentes receptores de hemácias, além do grupo sanguíneo Duffy ou dos receptores de reticulócitos. Esta redundância é favorecida pelo facto de *o P. falciparum* possuir quatro genes de proteínas de ligação aos eritrócitos do tipo Duffy, em comparação com apenas um gene da família DBL-EBP, como no caso do *P. vivax*, *o que* permite ao *P. falciparum* invadir qualquer eritrócito.

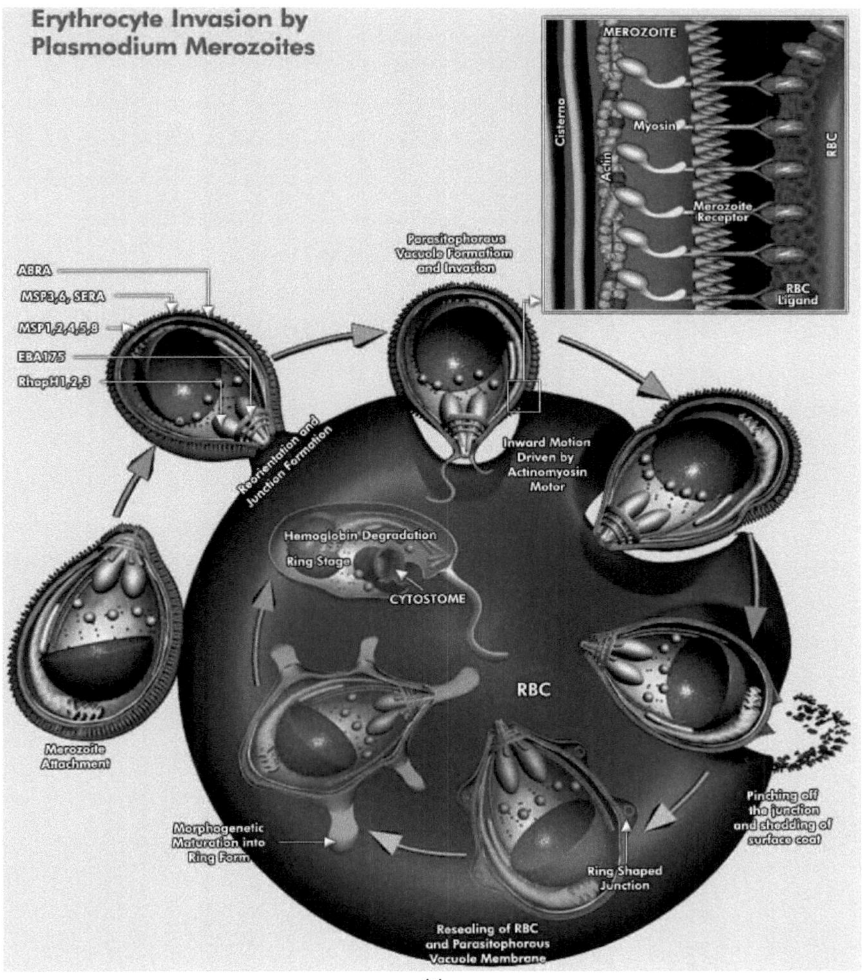

O processo de fixação, invasão e estabelecimento do merozoíto no eritrócito é possível graças aos organelos secretores apicais especializados do merozoíto, denominados micronemas, rhoptries e grânulos densos. A interação inicial entre o parasita e o glóbulo vermelho estimula uma rápida "onda" de deformação através da membrana do glóbulo vermelho, levando à formação de uma junção estável entre o parasita e a célula hospedeira. A seguir, o parasita abre caminho através da bicamada eritrocitária com a ajuda do motor actina-miosina, das proteínas da família das proteínas anónimas relacionadas com a trombospondina (TRAP) e da aldolase, e cria um vacúolo parasitóforo para se isolar do citoplasma da célula hospedeira, criando assim um ambiente hospitaleiro para o seu desenvolvimento no interior do glóbulo vermelho. Nesta fase, o parasita apresenta-se como um "anel" intracelular.

Dentro dos glóbulos vermelhos, o número de parasitas expande-se rapidamente com um ciclo sustentado da população de parasitas. Embora os glóbulos vermelhos ofereçam alguma vantagem imunológica ao parasita em crescimento, a falta de vias biossintéticas padrão e de organelos intracelulares nos glóbulos vermelhos tende a criar obstáculos para os parasitas intracelulares de crescimento rápido. Estes obstáculos são ultrapassados pelas fases de crescimento em anel através de vários mecanismos: pela restrição do nutriente à hemoglobina abundante, pela expansão dramática da área de superfície através da formação de uma rede tubovesicular e pela exportação de uma série de factores de remodelação e de virulência para o interior do glóbulo vermelho. A hemoglobina do glóbulo vermelho, o principal nutriente para o parasita em crescimento, é ingerida num vacúolo alimentar e degradada. Os aminoácidos assim disponibilizados são utilizados para a biossíntese de proteínas e o heme tóxico restante é desintoxicado pela heme polimerase e sequestrado como hemozoína (pigmento da malária). O parasita depende da glicólise anaeróbica para obter energia, utilizando enzimas como a pLDH, a aldolase plasmódica, etc. À medida que o parasita cresce e se multiplica no interior do glóbulo vermelho, a permeabilidade da membrana e a composição citosólica da célula hospedeira são modificadas. Estas novas vias de permeação induzidas pelo parasita na membrana da célula hospedeira ajudam não só na absorção de solutos do meio extracelular, mas também na eliminação de resíduos metabólicos e na origem e manutenção de gradientes iónicos electroquímicos. Ao mesmo tempo, a hemólise prematura da hemácia infetada altamente permeabilizada é evitada pela ingestão, digestão e desintoxicação excessivas da hemoglobina da célula hospedeira e sua descarga para fora das hemácias infectadas através das novas vias de permeação, preservando assim a estabilidade osmótica das hemácias infectadas.

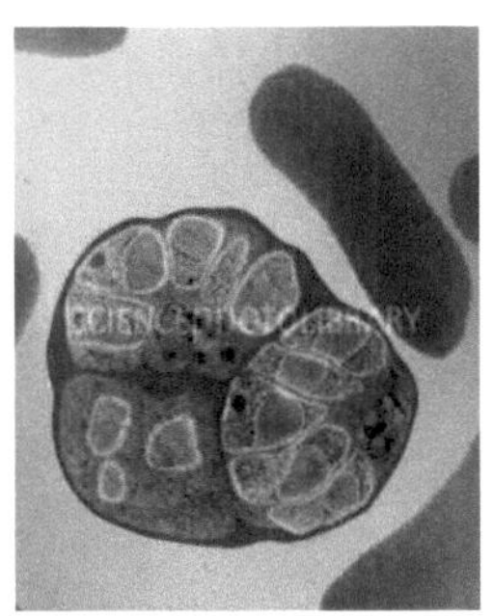

TEM colorido de um glóbulo vermelho humano infetado com merozoítos (verde) [Fonte: LONDON SCHOOL OF HYGIENE / SCIENCE PHOTO LIBRARY]

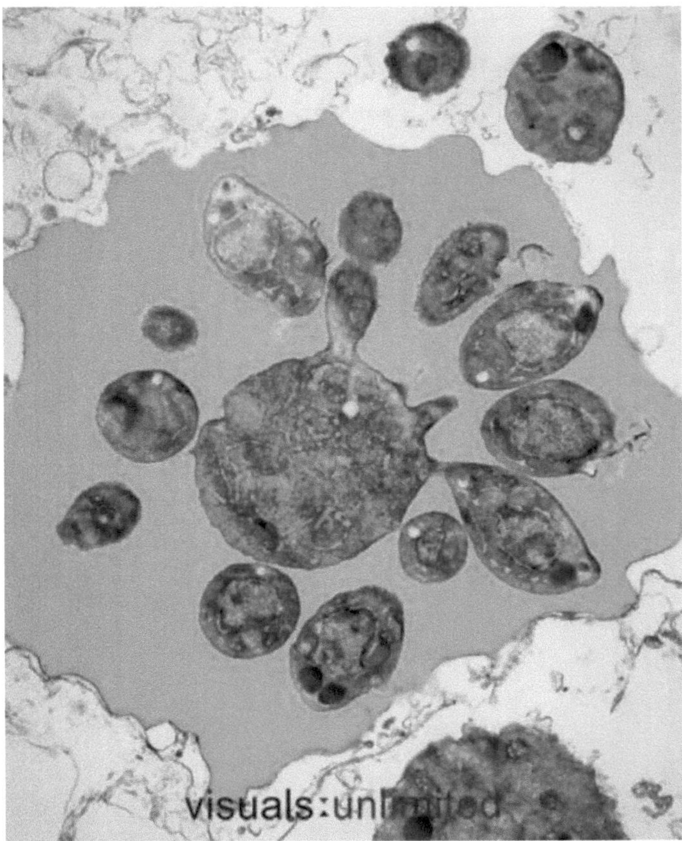

MET de *P. falciparum* schizont (X2810) [Crédito: Dennis Kunkel Microscopy, Inc. /Visuals Unlimited, Inc.]

O ciclo eritrocítico ocorre a cada 24 horas no caso do *P. knowlesi,* 48 horas no caso do *P. falciparum, P. vivax* e *P. ovale* e 72 horas no caso do *P. malariae.* Durante cada ciclo, cada merozoíto cresce e divide-se no vacúolo em 8-32 (média 10) merozoítos novos, passando pelas fases de anel, trofozoíto e esquizonte. No final do ciclo, as hemácias infectadas rompem-se, libertando os novos merozoítos que, por sua vez, infectam mais hemácias. Com o crescimento induzido pelo sol, o número de parasitas pode aumentar rapidamente para níveis tão altos quanto 10^{13} por hospedeiro.

Uma pequena proporção de parasitas assexuados não sofre esquizogonia, mas diferencia-se em gametócitos na fase sexual. Estes gametócitos masculinos ou femininos são extracelulares e não patogénicos e ajudam na transmissão da infeção a outras pessoas através das fêmeas dos mosquitos anopheline, onde continuam a fase sexual do ciclo de vida do parasita. Os gametócitos do *P. vivax* desenvolvem-se pouco depois da libertação dos merozoítos do fígado, ao passo que, no caso do *P. falciparum,* os gametócitos se desenvolvem muito mais tarde, ocorrendo o pico de densidade dos estádios sexuais normalmente uma semana depois do pico de densidade dos estádios assexuais. [7]

Capítulo 3. Patologia da malária

As alterações mais pronunciadas relacionadas com a malária afectam o sangue e o sistema hematopoiético, o baço e o fígado. Podem ocorrer alterações secundárias em todos os outros órgãos principais, dependendo do tipo e da gravidade da infeção. As alterações patológicas são mais profundas e graves no caso da malária por *P. falciparum*. A malária grave é uma doença multissistémica complexa com muitas semelhanças com as síndromes de sepsia.

Glóbulos vermelhos: Os glóbulos vermelhos são os principais locais de infeção na malária. Todas as manifestações clínicas se devem principalmente ao envolvimento dos glóbulos vermelhos.

O parasita em crescimento consome e degrada as proteínas intracelulares, principalmente a hemoglobina. As propriedades de transporte da membrana dos glóbulos vermelhos são alteradas, os antigénios de superfície crípticos são expostos e são inseridas novas proteínas derivadas do parasita. O glóbulo vermelho torna-se mais esférico e menos deformável. Na infeção por *P. falciparum*, as protuberâncias da membrana aparecem na superfície dos glóbulos vermelhos nas segundas 24 horas do ciclo assexual. Sob estes "botões", encontram-se acúmulos de proteínas do parasita ricas em histidina e densas em electrões. Estes botões extrudem uma proteína variante adesiva específica da estirpe, de elevado peso molecular, que medeia a ligação dos glóbulos vermelhos aos receptores no endotélio venular e capilar, causando *citoaderência*. Os glóbulos vermelhos infectados com *P. falciparum* também aderem a glóbulos vermelhos não infectados para formar *rosetas*. A citoaderência e a formação de rosetas são fundamentais para a patogénese da malária por P. *falciparum*, resultando na formação de agregados de glóbulos vermelhos e no sequestro intra-vascular de glóbulos vermelhos nos órgãos vitais, como o cérebro e o coração. Isto interfere ainda mais com a microcirculação e o metabolismo e permite o desenvolvimento do parasita longe da principal defesa do hospedeiro, o processamento e a filtragem esplénicos. Como resultado, na malária por *P. falciparum*, apenas formas mais jovens do parasita são encontradas na circulação periférica e a parasitemia periférica é geralmente uma subestimação da verdadeira carga parasitária. As formas maduras do *P. falciparum* são raramente observadas no sangue periférico e, quando encontradas, indicam uma infeção grave. A sequestração não ocorre em casos de infecções por *P. vivax* e *P. malariae* e, por conseguinte, todas as fases do parasita podem ser observadas no sangue periférico e as complicações são muito raras.

A hipovolémia é uma caraterística importante da malária grave e, quando exacerbada pela anemia e pela obstrução microvascular causada por parasitas sequestrados, é provável que conduza a uma diminuição do fornecimento de oxigénio aos tecidos, ao metabolismo anaeróbico e à acidose láctica.

Os processos imunopatogénicos são agora reconhecidos como tendo um papel central na malária grave, com cascatas de citocinas pró-inflamatórias que conduzem a alterações metabólicas complexas a jusante. Tal como na sépsis, é provável que a falha na utilização do oxigénio induzida pelas citocinas desempenhe um papel importante. Foi proposto que as citocinas pró-inflamatórias e as citocinas anti-inflamatórias, como a interleucina-10 (IL-10), desempenham um papel protetor ou contrarregulador. O fator de necrose tumoral (TNF) aumenta nas pessoas com malária grave e tem sido implicado na patogénese da malária cerebral murina. O TNF também aumenta na malária placentária e está associado ao baixo peso à nascença.

O óxido nítrico (NO) parece oferecer proteção contra a malária grave. A síntese de NO requer arginina extracelular, e estudos recentes encontraram uma associação entre hipoargininemia e malária grave e morte em crianças. A imunohistoquímica do tecido cerebral post-mortem revelou um aumento da expressão de NOS induzível e marcadores da produção de NO na malária grave. O NO tem sido implicado na patogénese da sépsis grave, tendo sido sugerido que o NO poderia, alternativamente, desempenhar um papel na patogénese da doença grave.

Estudos recentes forneceram fortes provas que sustentam um papel da **perforina** na patogénese da malária murina grave, através da rutura da barreira hemato-encefálica. Os ratinhos deficientes em perforina parecem ser resistentes às complicações cerebrais e graves da malária. As células T CD8C têm sido implicadas na patogénese da MC murina e podem ser uma fonte de perforina, tal como as células NKT. As alterações na síntese de prostaglandinas e na expressão de quimiocinas também foram implicadas na patogénese da doença em ratinhos e, em menor grau, num papel protetor nos seres humanos. Ainda está por estabelecer a forma como estas alterações se relacionam entre si na via causal e em que medida estes processos contribuem para a malária grave humana.

Os factores que desencadeiam o excesso de citocinas pró-inflamatórias não são bem conhecidos, mas o glicosilfosfatidilinositol (GPI) do Plasmodium falciparum foi implicado em vários estudos. O GPI pode estimular a produção de TNF pelos macrófagos e aumentar a expressão de iNOS.

O sequestro de hemácias parasitadas (pRBCs) nos pequenos vasos de muitos tecidos foi encontrado em exames post-mortem de pessoas que morreram de infeção por *P. falciparum*. Embora possa contribuir para uma parasitemia corporal total elevada, tem sido difícil estabelecer uma relação direta de causa e efeito entre o sequestro e a malária cerebral. Durante a gravidez, os leucócitos são normalmente sequestrados na placenta. A saúde materna também é afetada pelo desenvolvimento de anemia materna e o consequente aumento da probabilidade de morte materna.

A sequestração ocorre principalmente durante a segunda metade da fase de crescimento assexuado intra-eritrocítico do parasita, após a adesão dos parasitas maduros às células endoteliais através de botões electrónicos densos na superfície das hemácias (citoaderência). Os estudos in vitro identificaram várias moléculas da superfície celular como potenciais receptores para a ligação das hemácias, incluindo a trombospondina (TSP), o CD36, a molécula de adesão intercelular 1 (ICAM-

1), a molécula de adesão celular vascular, a E-selectina, o sulfato de condroitina A (CSA), o CD31 e o ácido hialurónico (HA). Para além de aderirem às células endoteliais e aos sinciciotrofoblastos, os glóbulos vermelhos maduros podem também aderir a glóbulos vermelhos não infectados, formando **rosetas**, e a outros glóbulos vermelhos, formando aglomerados (com plaquetas) ou autoaglutinados.

A associação de fenótipos específicos de citoaderência a síndromes clínicas tem-se revelado difícil. É possível argumentar que o ICAM-1 é um recetor-chave do hospedeiro no cérebro: está amplamente distribuído nos vasos cerebrais, é regulado positivamente por citocinas, incluindo o TNF-a, e foi colocalizado com os glóbulos vermelhos no cérebro de doentes que morreram de malária cerebral.

Outro recetor endotelial importante, o CD36, não é detectado na vasculatura cerebral humana, mas é expresso de forma ubíqua nos pulmões, rins, fígado e vasculatura muscular. A maioria dos isolados de parasitas que causam doença clínica em indivíduos não grávidos pode ligar-se ao CD36. A relação entre a ligação ao CD36 e a patogénese não é clara.

A maioria dos fenómenos de citoaderência parece ser mediada pela PfEMP-1, uma proteína de elevado peso molecular, com cerca de 240 kDa, e inserida na membrana dos eritrócitos entre 16 e 20 horas após a invasão. Foi demonstrado que a PfEMP-1 se liga a muitos receptores do hospedeiro.

A anemia é um problema bastante frequente na malária e coloca problemas especiais na gravidez e nas crianças. Pode dever-se a várias causas. A hemólise repetida dos glóbulos vermelhos infectados é a causa mais importante de uma redução dos níveis de hemoglobina. A anemia depende do grau de parasitemia, da duração da doença aguda e do número de paroxismos febris. Pode ocorrer mesmo após 3-5 paroxismos febris. *O P. vivax* invade predominantemente os glóbulos vermelhos jovens e o número de parasitas infectados raramente ultrapassa os 2%. *O P. malariae* desenvolve-se sobretudo em glóbulos vermelhos maduros e a parasitemia raramente é superior a 1%. A patogénese da anemia da malária é complexa e envolve, sem dúvida, múltiplos processos relacionados tanto com a destruição dos eritrócitos como com a sua reduzida produção. *O P. falciparum* afecta os glóbulos vermelhos de todas as idades e a parasitemia pode atingir 20-30% ou mais. A destruição maciça de hemácias é responsável pelo desenvolvimento rápido de anemia na malária *falciparum*. Os eritrócitos não parasitados também são removidos da circulação por lise mediada por complemento e fagocitose resultante da deposição de complexos imunes e ativação do complemento [Claire LM, 2004]. O aumento da depuração esplênica de eritrócitos parasitados e não parasitados, a redução da sobrevida dos eritrócitos mesmo após o desaparecimento da parasitemia, a diseritropoese na medula óssea, a hemólise induzida por medicamentos etc. também contribuem para a anemia. Durante as infecções por *P. falciparum*, os níveis de reticulócitos são inadequadamente baixos, reflectindo a supressão da resposta normal da eritropoietina (EPO). Alguns destes mecanismos podem perpetuar a anemia mesmo após a conclusão do tratamento.

A anemia da malária é geralmente normocítica e hipocrómica com aumento do número de reticulócitos e policromatófilos. Raramente, podem ser observadas manifestações atípicas como anemia macrocítica ou quadro pseudoaplásico com pancitopenia. A anemia pode estar associada a hiperbilirrubinemia do tipo indireto, devido ao processo hemolítico. Também pode ser observada esplenomegalia.

A contagem de leucócitos é geralmente baixa ou normal na maioria dos casos de malária. O aumento da contagem de leucócitos indica uma infeção grave ou uma infeção bacteriana secundária. A redução da contagem de leucócitos é atribuída a hiperesplenismo ou sequestro no baço. A linfocitose relativa, a monocitose, a eosinopénia e a presença de neutrófilos estagnados são observadas com uma duração prolongada da doença.

A trombocitopenia também é bastante comum na malária. Observou-se que a contagem de plaquetas apresenta um declínio moderado durante os paroxismos de febre. A trombocitopenia pode estar relacionada com o sequestro das plaquetas no baço. No entanto, uma trombocitopenia grave indica uma infeção grave e pode anunciar síndromes hemorrágicos.

A taxa de sedimentação de eritrócitos está normalmente elevada na malária, até 30-50 mm numa hora. A malária prolongada, a anemia grave e a malária grave estão normalmente associadas a uma VHS mais elevada.

Medula óssea

A medula óssea pode mostrar evidências de diseritropoese, sequestro de ferro e eritrofagocitose na fase aguda da malária falciparum. Os defeitos de maturação podem estar presentes na medula óssea durante 3 semanas após a eliminação da parasitemia. Foram encontrados megacariócitos grandes e de aspeto anormal na medula óssea e as plaquetas circulantes também podem estar aumentadas, o que sugere distrombopoese.

Baço

O baço desempenha um papel importante na resposta imunitária contra a infeção por malária e a esplenectomia ativa invariavelmente uma infeção latente. O aumento do baço é um dos sinais precoces e constantes da infeção por malária. O baço pode tornar-se palpável logo no primeiro paroxismo.

O baço pode ser palpável nas fases iniciais da infeção na posição lateral direita ou mesmo na posição supina. O seu bordo é geralmente redondo e difícil de palpar e pode ser sensível. medida que a doença progride, o baço torna-se mais duro, menos sensível e facilmente palpável. Na malária falciparum, o baço pode não ser palpável se o doente se apresentar muito cedo (devido à gravidade). Caso contrário, a esplenomegalia é comum em todos os tipos de malária.

O aumento precoce do baço deve-se ao ingurgitamento e edema da polpa e, mais tarde, à hiperplasia linfoide e reticulo-endotelial com um aumento da função hemolítica e fagocítica do órgão. As recaídas e reinfecções frequentes levam à esclerose da polpa e à dilatação dos seios paranasais.

Após o tratamento, o baço regride em tamanho, geralmente completamente, dentro de duas semanas. Nos casos de baço grande e fibrótico devido a malária repetida, a regressão é mais lenta, mas é comum a involução completa com o tratamento.

O aumento rápido e considerável do baço pode por vezes resultar em rutura esplénica, que é uma complicação grave da malária. Este fenómeno é mais frequente no ataque primário de malária. Devido à fibrose e à periesplenite, a rutura é menos provável em caso de esplenomegalia crónica.

Verificou-se que uma pequena proporção de adultos em África e na Índia e uma grande proporção de adultos da Nova Guiné sofrem de um enorme aumento do baço. Esta doença foi designada por Síndroma de Esplenomegalia Tropical. A sua natureza ainda não é clara. Caracteriza-se por um aumento acentuado do baço, cujo peso pode atingir 2000-4400 g. Os seios esplénicos estão dilatados e há uma hiperplasia linfoide acentuada. Há um aumento da fagocitose de glóbulos vermelhos e brancos. O fígado também está aumentado e apresenta infiltração linforeticular dos sinusóides. Nestes doentes, foram demonstrados níveis elevados de anticorpos IgG e IgM contra a malária. Estes doentes também apresentam anemia, leucopenia e trombocitopenia, com um estado geral de saúde relativamente bem conservado. O tratamento anti-malárico prolongado pode reduzir o tamanho do baço nestes doentes.

Fígado

O aumento do fígado também ocorre no início da malária. O fígado aumenta de tamanho após os primeiros paroxismos, é geralmente firme e pode ser sensível. É edematoso, de cor castanha, cinzenta ou mesmo preta, devido à deposição do pigmento da malária. Os sinusóides hepáticos estão dilatados e contêm células de Kupffer hipertrofiadas e glóbulos vermelhos parasitados. Em casos graves, podem ser observadas pequenas áreas de necrose centrilobular, que podem ser devidas a choque ou a coagulação intravascular disseminada. A infeção prolongada pode estar associada a endurecimento do estroma e proliferação difusa de tecido conjuntivo fibroso. Contudo, não são observadas alterações de cirrose. Na malária falciparum, para além do envolvimento do mesênquima, os hepatócitos também podem estar envolvidos, causando igualmente alterações funcionais (hepatite malárica).

A hepatite malárica é caracterizada por hiperbilirrubinemia com elevação da bilirrubina conjugada, aumento dos níveis de transaminases e fosfatase alcalina. Fazendo parte da infeção grave por falciparum, pode estar associada a insuficiência renal, anemia ou outras complicações da malária falciparum. O envolvimento do fígado na malária falciparum grave deve-se ao comprometimento da microcirculação local associado a danos hepatocelulares.

Em doentes com ataques repetidos de malária, o fígado também aumenta significativamente, juntamente com um baço grande e duro. No entanto, nestes doentes não se verifica qualquer anomalia funcional do fígado. A malária não é uma causa comprovada de cirrose hepática.

Pulmões

O envolvimento dos pulmões ocorre na malária por *P. falciparum* e é secundário às alterações nos glóbulos vermelhos e na microcirculação. O edema pulmonar agudo é uma complicação pouco frequente, mas quase fatal, da malária P. falciparum, em grande parte devido a lesões endoteliais capilares e edema perivascular. A sobrecarga de fluidos e a transfusão de sangue também podem contribuir para este problema. Os capilares e as vénulas pulmonares estão repletos de células inflamatórias e de glóbulos vermelhos parasitados. O endotélio vascular está edemaciado com estreitamento do lúmen. Também se observa edema intersticial e formação de membrana hialina. A malária pode também ser complicada por pneumonia focal ou lobar e broncopneumonia.

Sistema cardiovascular

A malária está normalmente associada a anomalias da função cardiovascular. As alterações mais frequentes durante um paroxismo incluem diminuição da pressão arterial, taquicardia, sons cardíacos abafados, sopro sistólico transitório no ápice e, ocasionalmente, dilatação cardíaca. Também ocorre vasodilatação periférica, levando a hipotensão postural.

Na malária por *P. falciparum*, podem ocorrer alterações da microcirculação nos vasos coronários. Os capilares do miocárdio estão congestionados com glóbulos vermelhos parasitados, macrófagos carregados de pigmentos, linfócitos e células plasmáticas.

A malária pode agravar uma disfunção cardíaca pré-existente e pode ser fatal para os doentes que já sofrem de insuficiência cardíaca significativa ou de obstrução valvular.

Trato gastro-intestinal

A malária é frequentemente acompanhada de náuseas e vómitos, principalmente de origem central. Na fase aguda, o doente pode ter anorexia, distensão abdominal e dor no epigástrio. Por vezes, as cólicas abdominais podem ser tão graves que imitam um abdómen agudo ou uma apendicite. Alguns doentes podem ter diarreia aquosa e o quadro pode simular uma gastroenterite ou cólera.

A colite aguda pode estar associada à malária. A disenteria bacilar, a amebíase, etc. podem complicar a malária.

Na malária falciparum, o envolvimento da microcirculação esplâncnica pode levar a isquémia do intestino, edema da mucosa, necrose e ulceração. Isto pode dificultar a absorção. Além disso, estas alterações no intestino podem também levar à absorção de toxinas, precipitando o choque sético.

Rins

A malária pode causar vários problemas nos rins. Durante o ataque agudo, a albuminúria pode ser observada com frequência. A nefrite malárica difusa aguda com hipertensão, albuminúria e edema também pode ser observada raramente.

Na infeção por *P. malariae*, pode ser observada uma síndrome nefrótica (nefropatia por malária Quartan). Esta nefropatia mediada por complexos imunes desenvolve-se semanas após a doença da malária e caracteriza-se por albuminúria, edema e hipertensão. Pode ser progressiva e exigir tratamento com esteróides ou imunossupressores.

Na malária grave por *P. falciparum*, a insuficiência renal aguda pode desenvolver-se em 0,1-0,6% dos doentes. As perturbações da microcirculação, a anóxia e a subsequente necrose dos glomérulos e dos túbulos renais são responsáveis por esta grave complicação. A coagulação intravascular disseminada também pode causar ou agravar este problema.

Sistema nervoso central

As manifestações do sistema nervoso central na malária podem dever-se a um envolvimento patológico do cérebro, a paroxismos de febre ou aos efeitos secundários dos medicamentos antimaláricos.

Os paroxismos febris são normalmente acompanhados de dores de cabeça, vómitos, delírio, ansiedade e agitação. Estes são, regra geral, transitórios e desaparecem com a normalização da temperatura.

Os medicamentos antimaláricos como a cloroquina, o quinino, a mefloquina e a halofantrina podem causar vários sintomas como tonturas, vertigens, zumbidos, inquietação, alucinações, confusão, delírio ou mesmo psicose franca, convulsões, etc. A quinina pode induzir um coma hipoglicémico. Sabe-se que os derivados da artemisinina causam disfunção do tronco cerebral em estudos com animais. Estes factores devem ser sempre tidos em conta no tratamento de casos de malária.

O sistema nervoso é predominantemente afetado pela malária *P. falciparum* e só muito raramente pelas outras formas. A diminuição da deformabilidade, o aumento da citoaderência e da roseta de glóbulos vermelhos, a oclusão da microcirculação pelas rosetas de glóbulos vermelhos e a sua trombose - tudo isto resulta em anóxia cerebral, desenvolvimento de granulomas da malária e hemorragias pontuais que conduzem à encefalite malárica e à meningoencefalite. Na autópsia, o cérebro apresenta-se edematoso; os pequenos vasos sanguíneos estão congestionados com glóbulos vermelhos parasitados; a superfície do cérebro apresenta-se cor de chumbo ou de ameixa, enquanto a superfície de corte tem uma tonalidade cinzenta-ardósia. Até 70% dos glóbulos vermelhos do cérebro podem estar parasitados e podem ser observadas muitas formas maduras do parasita, incluindo esquizontes. Nos vasos maiores, os parasitas formam uma camada ao longo do endotélio, designada por "marginação". O endotélio vascular apresenta projecções pseudópodas, que podem estar em estreita relação com os "botões" na superfície dos eritrócitos parasitados. Encontram-se numerosas hemorragias petequiais na substância branca, proximais aos tampões oclusivos nas arteríolas terminais. Os granulomas de Durck, pequenas colecções de células microgliais que rodeiam uma área de desmielinização, podem ser observados no local destas hemorragias.[8]

Capítulo 4. Sintomas da malária

Os sintomas da malária podem desenvolver-se tão rapidamente quanto sete dias depois de ser picado por um mosquito infetado.

Normalmente, o tempo que decorre entre a infeção e o início dos sintomas (período de incubação) é de 7 a 18 dias, dependendo do parasita específico com que se está infetado. No entanto, em alguns casos, pode demorar até um ano para que os sintomas se desenvolvam.

Os sintomas iniciais da malária são semelhantes aos da gripe e incluem:

- uma temperatura elevada (febre)
- **dor de cabeça**
- camisolas
- calafrios
- vómitos

Estes sintomas são frequentemente ligeiros e podem por vezes ser difíceis de identificar como malária.

Nalguns tipos de malária, a febre ocorre em ciclos de 48 horas. Durante estes ciclos, começa-se por sentir frio, com arrepios. De seguida, desenvolve-se febre, acompanhada de sudação intensa e fadiga. Estes sintomas duram geralmente entre 6 e 12 horas.

Outros sintomas da malária podem incluir:

- dores musculares
- **diarreia**
- sentir-se mal de um modo geral

O tipo mais grave de malária é causado pelo parasita Plasmodium falciparum. Sem tratamento imediato, este tipo pode levar a que desenvolva rapidamente complicações graves e potencialmente fatais, como problemas respiratórios e falência de órgãos. (9)

Capítulo 5. Complicações da malária

A malária pode ser uma doença muito grave e potencialmente fatal. O parasita falciparum causa os sintomas mais graves da malária e o maior número de mortes.

Anemia

A destruição dos glóbulos vermelhos pelo parasita da malária pode causar anemia grave. Trata-se de uma doença em que os glóbulos vermelhos não conseguem transportar oxigénio suficiente, o que provoca sonolência, fraqueza e desmaio.

Malária cerebral

Em alguns casos raros de malária, os glóbulos vermelhos infectados podem bloquear os pequenos vasos sanguíneos que conduzem ao cérebro, interrompendo o fluxo sanguíneo e provocando uma falta de oxigénio. Esta situação é conhecida como malária cerebral.

A malária cerebral pode fazer com que o cérebro inche e, em alguns casos, pode levar a danos cerebrais permanentes. Também pode provocar convulsões ou entrar em coma.

Outras complicações

Outras complicações de um caso grave de malária podem incluir:

- problemas respiratórios (como líquido nos pulmões)
- insuficiência hepática e iterícia (uma descoloração amarela da pele)
- choque (queda súbita do fluxo sanguíneo)
- hemorragia espontânea
- níveis anormalmente baixos de açúcar no sangue
- insuficiência renal
- inchaço e rutura do baço
- desidratação

As complicações da malária grave podem surgir horas ou dias após os primeiros sintomas, pelo que é importante procurar ajuda médica urgente logo que se pense que se tem malária.

A malária é geralmente mais grave em mulheres grávidas, bebés, crianças pequenas e pessoas idosas. (10)

Capítulo 6. Vetor da malária

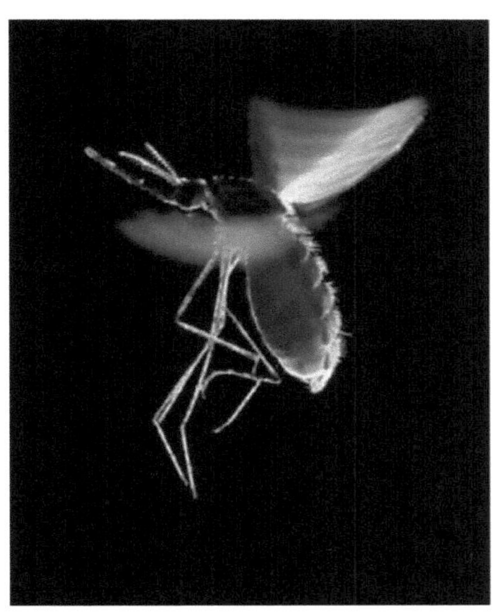

A malária é transmitida aos seres humanos por mosquitos fêmeas do género Anopheles. As fêmeas dos mosquitos tomam refeições de sangue para produzir ovos, e essas refeições de sangue são o elo de ligação entre os hospedeiros humanos e os mosquitos no ciclo de vida do parasita. O desenvolvimento bem sucedido do parasita da malária no mosquito (desde o estádio de "gametócito" até ao estádio de "esporozoíto") depende de vários factores. O mais importante é a temperatura e a humidade ambiente (temperaturas mais elevadas aceleram o crescimento do parasita no mosquito) e o facto de o Anopheles sobreviver o tempo suficiente para permitir que o parasita complete o seu ciclo no hospedeiro mosquito (ciclo "esporogónico" ou "extrínseco", com duração de 10 a 18 dias). Ao contrário do hospedeiro humano, o hospedeiro mosquito não sofre visivelmente com a presença dos parasitas.

Existem cerca de 3.500 espécies de mosquitos agrupadas em 41 géneros. A malária humana é transmitida apenas por fêmeas do género Anopheles. Das cerca de 430 espécies de Anopheles, apenas 30-40 transmitem a malária (ou seja, são "vectores") na natureza.

Distribuição geográfica

Os anophelinos encontram-se em todo o mundo, exceto na Antárctida. A malária é transmitida por diferentes espécies de Anopheles, consoante a região e o ambiente.

Os anophelines que podem transmitir o paludismo encontram-se não só em zonas onde o paludismo é endémico, mas também em zonas onde o paludismo foi eliminado. Assim, estas últimas zonas estão constantemente em risco de reintrodução da doença.

Fases da vida

Como todos os mosquitos, os anophelines passam por quatro fases no seu ciclo de vida: ovo, larva, pupa e adulto. As três primeiras fases são aquáticas e duram entre 5 e 14 dias, consoante a espécie e a temperatura ambiente. A fase adulta é quando a fêmea do mosquito Anopheles actua como vetor da malária. As fêmeas adultas podem viver até um mês (ou mais em cativeiro), mas muito provavelmente não vivem mais de 1-2 semanas na natureza.

Ovos

As fêmeas adultas põem 50-200 ovos por oviposição. Os ovos são postos individualmente diretamente na água e são únicos por terem flutuadores de ambos os lados. Os ovos não são resistentes à secagem e eclodem em 2-3 dias, embora a eclosão possa demorar até 2-3 semanas em climas mais frios.

Larvas

As larvas de mosquito têm uma cabeça bem desenvolvida com escovas bucais utilizadas para a alimentação, um tórax grande e um abdómen segmentado. Não têm pernas. Ao contrário dos outros mosquitos, as larvas de *Anopheles* não têm sifão respiratório e, por isso, posicionam-se de forma a que o seu corpo fique paralelo à superfície da água.

As larvas respiram através de espiráculos situados no 8º segmento abdominal, pelo que têm de vir frequentemente à superfície.

As larvas passam a maior parte do tempo a alimentar-se de algas, bactérias e outros microrganismos da microcamada superficial. Mergulham abaixo da superfície apenas quando são perturbadas. As larvas nadam através de movimentos bruscos de todo o corpo ou através de propulsão com as escovas bucais.

As larvas desenvolvem-se em quatro fases, ou instares, após as quais se metamorfoseiam em pupas. No final de cada instar, as larvas fazem a muda, perdendo o seu exoesqueleto, ou pele, para permitir um maior crescimento.

As larvas ocorrem numa grande variedade de habitats, mas a maioria das espécies prefere água limpa e não poluída. As larvas dos mosquitos *Anopheles* foram encontradas em pântanos de água doce ou salgada, mangais, campos de arroz, valas relvadas, margens de riachos e rios e pequenas poças de chuva temporárias. Muitas espécies preferem habitats com vegetação. Outras preferem habitats sem vegetação. Algumas reproduzem-se em charcos abertos e iluminados pelo sol, enquanto outras só se encontram em locais de reprodução à sombra nas florestas. Algumas espécies reproduzem-se em buracos de árvores ou nas axilas das folhas de algumas plantas.

Pupae

A pupa tem a forma de uma vírgula quando vista de lado. A cabeça e o tórax fundem-se num cefalotórax e o abdómen curva-se por baixo. Tal como as larvas, as pupas têm de vir frequentemente à superfície para respirar, o que fazem através de um par de trompetas respiratórias no cefalotórax.

Após alguns dias de pupa, a superfície dorsal do cefalotórax divide-se e o mosquito adulto emerge.

A duração do período entre o ovo e o adulto varia consideravelmente consoante as espécies e é fortemente influenciada pela temperatura ambiente. Os mosquitos podem passar de ovo a adulto em apenas 5 dias, mas normalmente demoram 10 a 14 dias em condições tropicais.

Adultos

Como todos os mosquitos, os anophelines adultos têm um corpo esguio com 3 secções: cabeça, tórax e abdómen.

A cabeça é especializada na aquisição de informação sensorial e na alimentação. A cabeça contém os olhos e um par de antenas longas e com muitos segmentos. As antenas são importantes para detetar odores do hospedeiro, bem como odores dos locais de reprodução onde as fêmeas põem ovos. A cabeça também possui uma probóscide alongada e projectada para a frente, utilizada para a alimentação, e dois palpos sensoriais.

O tórax é especializado para a locomoção. Três pares de patas e um par de asas estão ligados ao tórax.

O abdómen é especializado na digestão dos alimentos e no desenvolvimento dos ovos. Esta parte segmentada do corpo expande-se consideravelmente quando a fêmea toma uma refeição de sangue. O sangue é digerido ao longo do tempo, servindo de fonte de proteínas para a produção de ovos, que gradualmente enchem o abdómen.

Os mosquitos Anopheles podem ser distinguidos dos outros mosquitos pelos palpos, que são tão longos como a probóscide, e pela presença de blocos discretos de escamas pretas e brancas nas asas. Os Anopheles adultos também podem ser identificados pela sua posição típica de repouso: os machos e as fêmeas repousam com o abdómen levantado no ar e não paralelamente à superfície sobre a qual estão a repousar.

Os mosquitos adultos acasalam normalmente poucos dias depois de saírem da fase de pupa. Na maioria das espécies, os machos formam grandes enxames, geralmente ao anoitecer, e as fêmeas voam para os enxames para acasalar.

Os machos vivem cerca de uma semana, alimentando-se de néctar e de outras fontes de açúcar. As fêmeas também se alimentam de fontes de açúcar para obter energia, mas normalmente necessitam de uma refeição de sangue para o desenvolvimento dos ovos. Depois de obter uma refeição completa de sangue, a fêmea descansa durante alguns dias enquanto o sangue é digerido e os ovos se desenvolvem. Este processo depende da temperatura, mas normalmente demora 2 a 3 dias em condições tropicais. Quando os ovos estão completamente desenvolvidos, a fêmea põe-nos e retoma a procura de hospedeiros.

O ciclo repete-se até a fêmea morrer. As fêmeas podem sobreviver até um mês (ou mais em cativeiro), mas a maioria provavelmente não vive mais do que 1-2 semanas na natureza. As suas hipóteses de sobrevivência dependem da temperatura e da humidade, mas também da sua capacidade de obter uma refeição de sangue com sucesso, evitando as defesas do hospedeiro. [12]

Capítulo 7. Espécies de parasitas da malária

A malária é causada por protozoários parasitas do género *Plasmodium* - organismos unicelulares que não conseguem sobreviver fora do(s) seu(s) hospedeiro(s).

O Plasmodium falciparum é responsável pela maioria das mortes por malária a nível mundial e é a espécie mais prevalente na África Subsariana. As restantes espécies não são tipicamente tão perigosas para a vida como o P. falciparum.

O Plasmodium vivax é a segunda espécie mais significativa e é prevalente no Sudeste Asiático e na América Latina. O P. vivax e **o Plasmodium ovale** têm a complicação adicional de uma fase hepática dormente, que pode ser reactivada na ausência de uma picada de mosquito, conduzindo a sintomas clínicos.

O P. ovale e **o Plasmodium malariae** representam apenas uma pequena percentagem das infecções.

Uma quinta espécie, **o Plasmodium knowlesi** - uma espécie que infecta primatas - conduziu à malária humana, mas o modo exato de transmissão continua por esclarecer. [13]

Plasmodium falciparum

O Plasmodium falciparum é um protozoário parasita, uma das espécies de Plasmodium que causam a malária nos seres humanos. É transmitido pela fêmea do mosquito Anopheles. A malária causada por esta espécie (também chamada malária maligna ou falciparum) é a forma mais perigosa de malária, com as taxas mais elevadas de complicações e mortalidade. Em 2006, estimava-se que existiam 247 milhões de infecções humanas por malária (98% em África, 70% das quais com 5 anos ou menos). É muito mais prevalente na África subsariana do que em muitas outras regiões do mundo; na maioria dos países africanos, mais de 75% dos casos devem-se ao P. falciparum, ao passo que na maioria dos outros países com transmissão da malária predominam outras espécies plasmodiais menos virulentas. Quase todas as mortes por paludismo são causadas por P. falciparum.

UM PARASITA HUMANO QUE CAUSA A FORMA MALIGNA DA MALÁRIA TERCIÁRIA (PERNICIOSA OU MALIGNA), PRESENTE EM TODOS OS CONTINENTES.

A malária é causada por uma infeção por protozoários do género Plasmodium. O nome malária, do italiano mala aria, que significa "mau ar", vem da ligação sugerida por Giovanni Maria Lancisi (1717) da malária com os vapores venenosos dos pântanos. O nome da espécie deriva do latim falx, que significa "foice", e parere, que significa "dar à luz". O organismo propriamente dito foi observado pela primeira vez por Laveran em 6 de novembro de 1880, num hospital militar em Constantine, na Argélia, quando descobriu um microgametócito exflagelado. Patrick Manson (1894) colocou a hipótese de que os mosquitos podiam transmitir a malária. Esta hipótese foi confirmada experimentalmente, de forma independente, por Giovanni Battista Grassi e Ronald Ross em 1898. Grassi (1900) propôs uma fase exeritrocítica no ciclo de vida, mais tarde confirmada por Short, Garnham, Covell e Shute (1948), que encontraram Plasmodium vivax no fígado humano.

Em todo o mundo, a malária é a doença parasitária mais importante dos seres humanos e mata mais crianças do que qualquer outra doença infecciosa. Desde 1900, a área do mundo exposta à malária foi reduzida para metade, mas atualmente estão expostas mais dois mil milhões de pessoas. A morbilidade, bem como a mortalidade, é substancial. As taxas de infeção nas crianças em zonas endémicas são da ordem dos 50%. Foi demonstrado que a infeção crónica reduz os resultados escolares até 15%. A redução da incidência da malária coincide com um aumento da produção económica.

Embora não existam vacinas eficazes para nenhuma das seis ou mais espécies que causam a malária humana, há séculos que são utilizados medicamentos. Em 1640, Huan del Vego utilizou pela primeira vez a tintura da casca de cinchona para tratar a malária; os índios nativos do Peru e do Equador já a utilizavam antes para tratar febres. Thompson (1650) introduziu esta "casca dos jesuítas" em Inglaterra. A sua primeira utilização registada foi pelo Dr. John Metford de Northampton em 1656. Morton (1696) apresentou a primeira descrição pormenorizada do quadro clínico da malária e do seu tratamento com cinchona. Gize (1816) estudou a extração de quinina cristalina da casca da cinchona, e Pelletier e Caventou (1820) extraíram em França alcalóides de quinina puros, que designaram por quinina e cinchonina.

CICLO DE VIDA DO PLASMÓDIO

O ciclo de vida de todas as espécies de Plasmodium é complexo. A infeção nos seres humanos começa com a picada de uma fêmea infetada do mosquito Anopheles. Os esporozoítos libertados pelas glândulas salivares do mosquito entram na corrente sanguínea durante a alimentação, invadindo rapidamente as células do fígado (hepatócitos). Os esporozoítos são eliminados da circulação em 30 minutos. Durante os 14 dias seguintes, no caso do P. falciparum, os parasitas em fase hepática diferenciam-se e sofrem multiplicação assexuada, dando origem a dezenas de milhares de merozoítos que irrompem do hepatócito. Os merozoítos individuais invadem os glóbulos vermelhos (eritrócitos) e sofrem uma ronda adicional de multiplicação, produzindo 12-16 merozoítos num esquizonte. A duração desta fase eritrocítica do ciclo de vida do parasita depende da espécie do parasita: ciclo irregular para P. falciparum, 48 horas para P. vivax e P. ovale, e 72 horas para P. malariae. As manifestações clínicas da malária, febre e arrepios estão associadas à rutura síncrona dos eritrócitos infectados. Os merozoítos libertados continuam a invadir outros eritrócitos. Nem todos os merozoítos se dividem em esquizontes; alguns diferenciam-se em formas sexuais, gametócitos masculinos e femininos. Estes gametócitos são absorvidos por uma fêmea de mosquito Anopheles durante uma refeição de sangue. No intestino médio do mosquito, o gametócito masculino sofre uma rápida divisão nuclear, produzindo oito microgametas flagelados que fertilizam o macrogameta feminino. O oocineto resultante atravessa a parede do intestino do mosquito e encistase no exterior da parede do intestino como um oocisto. Em breve, o oocisto rompe-se, libertando centenas de esporozoítos na cavidade corporal do mosquito, onde acabam por migrar para as glândulas salivares do mosquito.

PATOGENESE

O Plasmodium falciparum causa malária grave através de uma propriedade distintiva que não é partilhada por nenhuma outra malária humana: o sequestro. Durante o ciclo de 48 horas da fase assexuada do sangue, as formas maduras alteram as propriedades da superfície dos glóbulos vermelhos infectados, fazendo com que se fixem nos vasos sanguíneos (um processo designado por citoaderência). Isto leva à obstrução da microcirculação e resulta na disfunção de múltiplos órgãos, tipicamente o cérebro na malária cerebral.

VECTORES CONHECIDOS

Anopheles gambiae (principal vetor)

→ Anopheles albimanus

→ Anopheles freeborni

→ Anopheles maculatus

→ Anopheles stephensi. [14]

Plasmodium vivax

O Plasmodium vivax é um protozoário parasita e um agente patogénico para o ser humano. A causa mais frequente e amplamente distribuída de malária recorrente (terçã benigna), o P. vivax é uma das cinco espécies de parasitas da malária que infectam habitualmente os seres humanos. É menos virulento do que o Plasmodium falciparum, o mais mortífero dos cinco, mas a malária vivax pode levar a uma doença grave e à morte devido a esplenomegalia (um baço patologicamente aumentado). O P. vivax é transportado pela fêmea do mosquito Anopheles, uma vez que é apenas a fêmea da espécie que pica.

Epidemiologia:

O Plasmodium vivax foi encontrado principalmente nos Estados Unidos, na América Latina e em algumas partes de África. Mais recentemente, tornou-se uma praga dos países de baixo e médio rendimento, exceto os da África Subsariana, onde o mapa do P. vivax tem um buraco visível. Globalmente, é responsável por 65% dos casos de malária na Ásia e na América do Sul. É lógico que o plasmodium vivax se encontre aí, onde a população humana e de mosquitos é elevada. Não é comum em zonas mais frias.

À medida que as taxas globais de malária diminuem numa região, a proporção de casos vivax aumenta. Calcula-se que 2,5 mil milhões de pessoas estejam em risco de infeção por este organismo.

Embora as Américas contribuam com 22% da área global em risco, as áreas altamente endémicas são geralmente escassamente povoadas e a região contribui apenas com 6% da população total em risco. Em África, a ausência generalizada do antigénio Duffy na população garantiu que a transmissão estável se limitasse a Madagáscar e a partes do Corno de África. Contribui com 3,5% da população global em risco. A Ásia Central é responsável por 82% da população mundial em risco, com áreas altamente endémicas que coincidem com populações densas, particularmente na Índia e em Myanmar. O Sudeste Asiático tem zonas de elevada endemicidade na Indonésia e na Papua-Nova Guiné e, globalmente, contribui com 9% da população mundial em risco.

O P. vivax é transportado por pelo menos 71 espécies de mosquitos. Muitos vectores de vivax vivem bem em climas temperados - até ao norte da Finlândia. Alguns preferem picar ao ar livre ou durante o dia, dificultando a eficácia dos insecticidas de interior e das redes mosquiteiras. Várias espécies-chave de vectores ainda têm de ser cultivadas em laboratório para um estudo mais aprofundado e a resistência aos insecticidas não está quantificada.

Apresentação clínica

A patogénese resulta da rutura dos glóbulos vermelhos infectados, levando à febre. Os glóbulos vermelhos infectados podem também aderir uns aos outros e às paredes dos capilares. Os vasos ficam obstruídos e privam os tecidos de oxigénio. A infeção pode também provocar o aumento do baço.

Ao contrário do P. *falciparum, o P. vivax* pode povoar a corrente sanguínea com parasitas da fase sexual - a forma apanhada pelos mosquitos a caminho da próxima vítima - mesmo antes de um doente apresentar sintomas. Consequentemente, o tratamento imediato de doentes sintomáticos não ajuda necessariamente a parar um surto, como acontece com a malária falciparum, em que as febres ocorrem à medida que as fases sexuais se desenvolvem. Mesmo quando os sintomas aparecem, porque normalmente não são imediatamente fatais, o parasita continua a multiplicar-se.

O parasita pode ficar adormecido no fígado durante dias ou anos, não causando sintomas e permanecendo indetetável nas análises ao sangue. Formam os chamados hipnozoítos (o nome deriva de "organismos adormecidos"), uma pequena forma que se aninha dentro de uma célula hepática individual. Os hipnozoítos permitem que o parasita sobreviva em zonas mais temperadas, onde os mosquitos picam apenas numa parte do ano.

Uma única picada infecciosa pode desencadear seis ou mais recaídas por ano, deixando os doentes mais vulneráveis a outras doenças. Outras doenças infecciosas, incluindo a malária falciparum, parecem desencadear recaídas.

Complicações

As complicações graves da malária são os parasitas em fase de dormência no fígado e a falência de órgãos, como a insuficiência renal aguda. Outras complicações da lepra também podem ser o comprometimento da consciência, anomalias neurológicas, hipoglicemia e pressões sanguíneas baixas causadas por colapso cardiovascular, iterícia clínica e/ou outras disfunções de órgãos vitais e defeitos de coagulação. A complicação mais grave é, em última análise, a morte. [15]

Plasmodium malariae

Descrição e significado

O Plasmodium malariae é um parasita causador da malária que coloniza o sangue de um hospedeiro humano. A malária é uma doença que pode ser prevenida e curada, mas que continua a causar centenas de milhares de mortes por ano. Um inquérito recente conduzido pela Organização Mundial de Saúde (OMS) mostrou que, em 2009, 781 000 mortes podiam ser atribuídas à malária, e a maioria das vítimas eram crianças africanas. Esta é uma das razões pelas quais o estudo das espécies do género *Plasmodium* é tão importante. Embora *o Plasmodium malariae* seja uma das estirpes menos virulentas do género, continua a ser uma das poucas espécies que utilizam o ser humano como hospedeiro. É o estudo do grupo de organismos que infectam os seres humanos que poderá conduzir a novos medicamentos mais facilmente disponíveis, mais fáceis de produzir, mais baratos ou que possam combater estirpes resistentes aos medicamentos (OMS).

Estrutura do genoma

Não se sabe muito sobre o genoma da espécie *Plasmodium malariae* especificamente, porque é uma das espécies cujo genoma completo ainda não foi sequenciado. No entanto, há algumas características importantes sobre o seu genoma que podem ser determinadas a partir das sequências genómicas de outras espécies do género *Plasmodium*. Estima-se que o genoma de um organismo do género *Plasmodium* contenha entre 23 milhões e 27 milhões de pares de bases, sob a forma de 14 cromossomas lineares. Estes 14 cromossomas codificam cerca de 5.500 genes, muitos dos quais têm a função de invadir o sistema imunitário do hospedeiro. Muitos dos genomas de *Plasmodium* que foram sequenciados mostram que as espécies deste género têm um ADN rico em A+T. Isto é especialmente verdadeiro para a espécie *P. falciparum*, que tem quase 79,6% de A+T. Este elevado teor de A+T é frequentemente conhecido por afetar as frequências de recombinação noutras espécies, mas parece não ter qualquer efeito na virulência de qualquer espécie em particular. A investigação mostra que 77% das proteínas codificadas pelo genoma do *Plasmodium* são conservadas nas diferentes espécies do género. Algumas investigações adicionais mostram que os genomas mitocondriais do *Plasmodium* também são altamente conservados ao longo do genoma.

O parasita Plasmodium malariae, assume várias estruturas durante o seu ciclo de vida de 78 horas. Começaremos a observá-lo a partir da estrutura que tem nas glândulas salivares do mosquito anopheles antes de infetar o seu hospedeiro mamífero. Nesta altura, inicia o seu ciclo como um esporozoíto, sendo que Sporo significa semente e zoíto vem da palavra grega zoo que significa animal. Um esporozoíto (que também pode ser conhecido como corpo falciforme) é uma célula nucleada alongada. A sua capacidade de deslizar sobre substratos sólidos, invadindo assim as células hospedeiras, baseia-se na ajuda que recebe da proteína de trans-membrana TRAP ((proteína anónima relacionada com a trombospondina). Outra proteína que auxilia o esporozoíto na sua fixação às células hospedeiras e no desenvolvimento do esporozoíto é uma proteína multifuncional denominada proteína do circunsporozoíto (CSP). Esta proteína foi observada na cápsula de oocistos imaturos (encontrados no hospedeiro mosquito), mas raramente no seu citoplasma.

Quando os esporozoítos entram no corpo do mamífero hospedeiro, deslocam-se rapidamente para o fígado. No fígado, diferenciam-se em merozoítos, que é a fase celular que se liga, através de ligandos, aos glóbulos vermelhos do hospedeiro. O P. malariae causa carateristicamente "picos" na célula do seu hospedeiro, com dimensões de uma altura média de 7-59 nm e um diâmetro médio de 52-95 nm. Esta é uma morfologia diferente da que outras infecções por Plasmodium provocam nos glóbulos vermelhos, e pode ser utilizada para diferenciar as diferentes infecções.

Outra caraterística da P. malariae é o facto de não parecer alargar a célula do seu hospedeiro. A infeção é observada pelo facto de, ao entrar na célula, os merozoítos parecerem ocupar rapidamente até um terço da célula. À medida que a invasão progride, a célula começa a segmentar-se, com os merozoitos a preencherem a célula e o pigmento da célula a escurecer. Os merozoítos organizam-se simetricamente na parede celular, com o núcleo e o citoplasma separados. A certa altura, a célula rebenta e os merozoitos entram na corrente sanguínea. Em seguida, eles assumem o estágio de desenvolvimento em que são chamados de trofozoítos. A fase seguinte é um esquizonte e, após o rebentamento do esquizonte no hospedeiro mamífero, temos novamente merozoítos. No hospedeiro mosquito, as fases de desenvolvimento variam ligeiramente, com a absorção de gametócitos, que mais tarde se desenvolvem em ookinetes, e depois em oocistos, que depois se rompem para libertar esporozoítos. Os esporozoítos podem então ser injectados num hospedeiro mamífero.

Ecologia

A malária é uma doença comum na maior parte das zonas tropicais e subtropicais do mundo. Existem quatro parasitas da malária do género *Plasmodium* que infectam os seres humanos e causam sintomas indicativos da doença.

As infecções de P. malariae geralmente coincidem com as de P. falciparum. A presença de P. malariae tende a passar despercebida, a menos que sejam utilizadas técnicas de PCR para revelar a infeção. A P. malariae encontra-se amplamente na África subsariana, no Sudeste Asiático e nas ilhas do Pacífico ocidental. Também foram registados casos na bacia amazónica da América do Sul e, na história recente, na Europa e no sul dos Estados Unidos.

O Plasmodium malariae encontra-se principalmente numa das duas espécies de hospedeiros que infecta. É transmitido por picadas de mosquitos Anopheles e causa sintomas de malária quando infecta seres humanos. Não se limitando apenas aos mosquitos e aos seres humanos, cientistas da Universidade de Osaka, no Japão, descobriram estirpes de P. malariae em chimpanzés importados de África. Apesar de estarem infectados, os chimpanzés não apresentaram sintomas de doença.

Patologia

A P. malariae é uma das quatro espécies do género Plasmodium que utiliza o ser humano como hospedeiro primário. As outras três espécies são P. falciparum, P. vivax e P. ovale. O principal modo de transmissão de hospedeiro para hospedeiro por estas quatro espécies utiliza uma fêmea do mosquito Anopheles como vetor. Embora os sintomas resultantes das diferentes espécies sejam diferentes, o ciclo de vida apresenta apenas pequenas diferenças. O ciclo de vida inicia-se quando o mosquito vetor injeta **esporozoítos** nos hospedeiros humanos durante uma refeição de sangue. Os esporozoítos migram então para o fígado, onde se reproduzem assexuadamente e produzem **merozoítos**. Estes merozoítos entram então na corrente sanguínea e infectam os eritrócitos, transformando-se em **trofozoítos**. O período de tempo em que os trofozoítos estão a aumentar de tamanho é designado por período trófico, e termina quando ocorrem várias divisões, mas nenhum destes ciclos passa pela fase de citocinese, formando o que se designa por **esquizonte**. O eritrócito sofre então uma lise, introduzindo novos merozoítos no ciclo sanguíneo e recomeçando o ciclo, até que um mosquito Anopheles não infetado toma uma refeição de sangue do hospedeiro infetado e transmite a infeção a outro hospedeiro. [16]

Plasmodium ovale

O Plasmodium ovale é uma das cinco espécies de *Plasmodium* descritas que causam a malária nos seres humanos (sendo *o Plasmodium falciparum* geralmente o causador da doença mais grave e da maior parte da mortalidade causada pela doença)

O Plasmodium ovale é geralmente considerado como tendo uma distribuição relativamente limitada, sendo a transmissão endémica tradicionalmente descrita como estando limitada a áreas da África tropical, Nova Guiné, partes orientais da Indonésia e Filipinas. No entanto, também foram comunicadas infecções por P. ovale no Médio Oriente, no subcontinente indiano e em partes do Sudeste Asiático. Na África Ocidental (e, em menor grau, na África Central), observou-se uma prevalência específica por idade (com base na microscopia ótica, LM) de >10%. No entanto, na maior parte dos locais onde se observa P. ovale, é relativamente pouco frequente e a sua prevalência (conforme detectada por LM) raramente excede 3-5%. Como é o caso de P. malariae e P. falciparum, as infecções por P. ovale nas populações da África Ocidental tendem a ser mais comuns em crianças com menos de dez anos de idade. Pouco se sabe sobre o potencial de interação entre P. ovale e outras infecções por malária. No entanto, o facto de se ter verificado que o P. ovale é mais prevalente em áreas da África Ocidental onde o P. vivax está quase ausente devido à ausência virtual do antigénio do grupo sanguíneo Duffy, que o P. vivax requer para invadir os glóbulos vermelhos, pode indicar uma interação negativa entre estas duas espécies.

Tal como *o P. vivax, há* muito que se pensa que *o P. ovale* tem uma fase dormente de "hipnozoítos" que pode persistir no fígado e causar recaídas ao invadir a corrente sanguínea semanas (ou mesmo anos) mais tarde. [17]

História

Esta espécie foi descrita pela primeira vez em 1914 por Stephens numa amostra de sangue colhida no outono de 1913 de um doente no sanatório de Pachmari, na Índia central, e enviada pelo Major W. H. Kenrick a Stephens (que estava a trabalhar em Liverpool).

Características clínicas

Nos seres humanos, os sintomas aparecem geralmente 12 a 20 dias depois de o parasita ter entrado no sangue. No sangue, o ciclo de replicação do parasita dura aproximadamente 49 horas, causando febre terciária que aumenta aproximadamente a cada 49 horas à medida que novos parasitas replicados irrompem dos glóbulos vermelhos. Verificou-se que os níveis máximos médios de parasitas são de 6.944/pl para infecções induzidas por esporozoítos e de 7.310/pl para infecções induzidas por trofozoítos.

Em alguns casos, pode ocorrer uma recaída até 4 anos após a infeção. [18]

Plasmodium knowlesi

O Plasmodium knowlesi é um parasita da malária que se encontra na natureza em macacos de cauda longa e de cauda de porco. Pensava-se que as infecções humanas adquiridas naturalmente eram extremamente raras até que um grande foco de infecções humanas foi registado em 2004 em Sarawak, no Bornéu da Malásia. Desde então, foram descritas infecções humanas em todo o Sudeste Asiático, e o P. knowlesi é agora reconhecido como a quinta espécie de Plasmodium que causa malária nos seres humanos. Os dados moleculares, entomológicos e epidemiológicos indicam que as infecções humanas com P. knowlesi não são emergentes e que a malária knowlesi é principalmente uma zoonose. As infecções humanas não eram diagnosticadas até estarem disponíveis métodos de deteção molecular que podiam distinguir o P. knowlesi do parasita da malária humana P. malariae, morfologicamente semelhante. As infecções por P. knowlesi causam um espetro de doença e são potencialmente fatais, mas se forem detectadas suficientemente cedo, as infecções em humanos são facilmente tratáveis. Nesta revisão sobre a malária knowlesi, descrevemos os primeiros estudos sobre o P. knowlesi e centramo-nos na epidemiologia, no diagnóstico, nos aspectos clínicos e no tratamento da malária knowlesi. Discutimos também as lacunas no nosso conhecimento e os desafios que se colocam no estudo da epidemiologia e da patogénese da malária knowlesi e na prevenção e controlo desta infeção zoonótica. [19]

Em 1932, quando Knowles e Das Gupta conseguiram transmitir aos seres humanos a malária de macaco que tinham descoberto, parecia ter sido descoberto um novo agente para a terapia da malária. Desde as investigações de Julius Wagner-Jauregg, galardoado com o Prémio Nobel, a malária tinha sido amplamente utilizada para o tratamento da paralisia geral dos loucos (neurossífilis), um dos principais motivos de internamento em instituições psiquiátricas. Mas depressa se tornou evidente que esta infeção podia rapidamente tornar-se incontrolável e, após várias mortes, a sua utilização foi largamente descontinuada em favor do parasita humano menos virulento Plasmodium vivax. Os parasitas da malária são geralmente bastante exigentes, tanto em relação aos seus hospedeiros mamíferos, aves ou répteis, como em relação aos seus respectivos mosquitos vectores. A transmissão do Plasmodium knowlesi, para a terapia da malária, de ser humano para ser humano foi efectuada através da passagem de sangue. Assim, inicialmente, era incerto se a infeção natural poderia ocorrer e, portanto, se esta poderia ser uma zoonose. Em 1960, Eyles et al. demonstraram a primeira transmissão experimental por mosquito de um organismo da malária símia para os seres humanos (Plasmodium cynomolgi) e, em 1967, Chin et al. demonstraram que o P. knowlesi também podia ser transmitido dos macacos para os seres humanos. Os mosquitos utilizados foram o Anopheles balabacencis (parte do grupo Anopheles leucosphyrus, que foi objeto de uma extensa revisão taxonómica nos últimos anos). Trata-se de um importante vetor da malária humana nas zonas florestais do Sudeste Asiático, onde vivem normalmente os hospedeiros naturais da P. knowlesi - os macacos de cauda comprida e de cauda de porco (Macaca fasicularis e Macaca nemestrina, respetivamente). Mas o potencial zoonótico da P. knowlesi parecia, até há pouco tempo, limitado, com apenas relatos de casos esporádicos de infeção humana.

Os estudos do grupo de Kuching, liderado por Balbir Singh e Janet Cox-Singh, alteraram radicalmente esta perspetiva. Investigando o que inicialmente parecia ser uma incidência invulgarmente elevada de infeção por Plasmodium malariae, mostraram de forma conclusiva que o P. knowlesi é uma das principais causas de malária na Malásia - particularmente na ilha de Bornéu. Os estádios mais jovens destes dois parasitas parecem muito semelhantes à microscopia ótica, mas, embora o P. malariae se multiplique de 3 em 3 dias (quartan) e nunca atinja densidades perigosamente elevadas no sangue, o P. knowlesi tem um ciclo diário (quotidian) e, se não for controlado, pode atingir rapidamente densidades potencialmente letais. Nesta edição, o grupo de Kuching analisa retrospetivamente a experiência recente da Malásia com a infeção por P. knowlesi e descreve 4 casos fatais. Há várias lições práticas importantes a retirar desta experiência. Os seres humanos podem e adquirem algumas malárias de macacos se partilharem o mesmo habitat (o inverso também é verdade). As técnicas moleculares são muito úteis na identificação da infeção, na descrição da epidemiologia e na caraterização de infecções mistas, que de outra forma são subnotificadas. Esta descoberta resultou de uma boa investigação clínica e laboratorial, combinada com um programa eficiente de controlo da malária. Presumivelmente, estas infecções por P. knowlesi foram adquiridas dos seus reservatórios naturais, os macacos que vivem na floresta - mas continua a ser possível que algumas possam ter derivado de outras infecções humanas. Se assim for, a observação de Ciuca, a partir da sua prática de terapia da malária na Roménia, de que a passagem em série de P. knowlesi aumentou a virulência pode ser relevante. Existem também potenciais conhecimentos sobre processos patológicos relevantes para a malária grave causada pelo Plasmodium falciparum. O P. knowlesi não se sequestra significativamente na microcirculação, mas uma vez atingidas densidades elevadas de parasitas, o P. knowlesi é rápida e previsivelmente letal no macaco Rhesus (Macaca mulatta). Este tem sido um dos modelos animais mais estudados. Um resultado fatal no macaco está associado a cargas parasitárias muito elevadas e ao rápido desenvolvimento de anemia, iterícia e insuficiência renal - todas elas características da malária grave por P. falciparum em adultos, embora o quadro clínico seja diferente da malária cerebral. Este síndroma clinicopatológico único parece ser específico da malária grave por P. falciparum. Os macacos com doença terminal estão obtusos mas não comatosos. Assim, embora não exista um modelo animal satisfatório de malária cerebral humana, a infeção grave por P. knowlesi no macaco Rhesus e nos seres humanos pode ter semelhanças importantes. Embora os pormenores deste estudo retrospetivo sejam limitados, existem várias características interessantes dos 4 casos fatais relatados, nesta edição da Clinical Infectious Diseases, por Cox-Singh et al. Os doentes eram relativamente idosos (idade, 39-69 anos) e cada um apresentava dor abdominal e febre. Dois doentes não eram anémicos, apesar das elevadas contagens de parasitas, embora pudessem estar desidratados e hemoconcentrados (o doente 2 tinha uma úlcera gástrica perfurada); cada um deles tinha insuficiência renal e iterícia, que são sinais ominosos na malária grave por P. falciparum. Todos tinham contagem de plaquetas <30.000 plaquetas/uL, e 3 pacientes tinham leucocitose. Esta pequena série levanta muitas questões. Qual é a semelhança entre a doença grave nos seres humanos e nos macacos Rhesus (nos quais a fisiopatologia tem sido amplamente investigada)? Os sintomas abdominais reflectem isquemia intestinal? Qual é a relação entre a biomassa do parasita e a gravidade da doença? Estudos adicionais de malária grave por P. knowlesi em humanos para avaliar a acidose metabólica, excluir bacteremia concomitante e avaliar a resposta ao tratamento antimalárico seriam informativos. Estudos da microcirculação em macacos Rhesus realizados há mais de 60 anos mostraram a formação de lama de hemácias nos capilares e vénulas, pelo que há claramente mais para aprender sobre a disfunção microvascular. Cox-Singh et al. dão um conselho importante; na Ásia, cargas parasitárias elevadas com o que parece ser P. malariae devem ser consideradas como malária potencialmente letal P. knowlesi e devem ser geridas cuidadosamente para evitar um resultado fatal. Apesar da sua preferência por símios, é legítimo afirmar que o P. knowlesi é o quinto parasita da malária humana. [20]

Evolução

Com base numa abordagem coalescente Bayesiana, o tempo mais provável de evolução de *P. knowlesi* é de 257.000 anos atrás (intervalo de 95% 98.000-478.000).

Ciclo de vida

O parasita Plasmodium knowlesi replica-se e completa o seu ciclo de fase sanguínea em ciclos de 24 horas, o que resulta em cargas bastante elevadas de densidades de parasitas num período de tempo muito curto. Este facto torna-a uma doença potencialmente muito grave se não for tratada. Ciclo de vida: merozoíto → trofozoítos → esquizonte → merozoíto. Estas fases do Plasmodium knowlesi são microscopicamente indistinguíveis do Plasmodium malariae e os primeiros trofozoítos são idênticos aos do Plasmodium falciparum.

Estágios do mosquito: Um mosquito ingere gametócitos, que se formaram no hospedeiro mamífero. Estes são microgametócitos (que são gametócitos masculinos) ou macrogametócitos (que são gametócitos femininos). Estes gametócitos amadurecem em microgametas e macrogametas, respetivamente, e depois fertilizam-se para formar zigotos no intestino médio do mosquito. Os zigotos amadurecem em ookinetes e depois em oocistos. Finalmente, os oocistos amadurecem para libertar esporozoítos que se deslocam para a glândula salivar do mosquito.

Resumo: gametócitos → (microgameta ou macrogameta) → zigoto → ookinete → oocisto → esporozoítos.

No homem: fase exo-eritrocítica (no fígado): Os esporozoitos são injectados nos seres humanos quando o mosquito os pica e viajam até ao fígado através da corrente sanguínea e sofrem reprodução assexuada para se tornarem merozoitos através de esquizontes na célula hepática. Ainda não foram encontrados hipnozoítos no fígado.

Resumo: esporozoítos → esquizontes → merozoítos.

No homem: fase eritrocítica (no sangue): Os merozoitos são libertados na corrente sanguínea para infetar os eritrócitos, constituindo um ciclo assexuado de infeção dos eritrócitos. Dentro dos glóbulos vermelhos, alguns merozoitos desenvolvem-se em trofozoítos, que por sua vez amadurecem em esquizontes que se rompem para libertar merozoítos, enquanto outros se desenvolvem em microgametócitos ou macrogametócitos. Estes gametócitos permanecem no sangue para serem ingeridos pelos mosquitos.

Resumo: Merozoíto → trofozoíto → esquizonte → merozoítos.

Vectores

Teoricamente, há quatro modos de transmissão: de um mosquito infetado para outro macaco, de um macaco infetado para um ser humano, de um ser humano infetado para outro ser humano e de um ser humano infetado para um macaco. Na prática, a malária humana parece dever-se quase exclusivamente à transmissão de macaco para humano.

Os vectores conhecidos pertencem ao género Anopheles, subgénero Cellia, série Neomyzomyia e grupo Leucosphyrus. Os mosquitos deste grupo encontram-se tipicamente em zonas florestais do Sudeste Asiático, mas com o aumento do desmatamento de zonas florestais para a construção de terrenos agrícolas, os seres humanos estão cada vez mais expostos a estes vectores.

Na população de macacos da Malásia peninsular, pensa-se que *o Anopheles hackeri* é o principal vetor de *P. knowlesi:* embora *o A. hackeri* seja capaz de transmitir a malária aos seres humanos, não é normalmente atraído por estes e parece pouco provável que seja um vetor importante para a transmissão aos seres humanos.

O Anopheles latens é atraído tanto pelos macacos como pelos seres humanos e demonstrou ser o principal vetor de transmissão de P. knowlesi aos seres humanos na divisão Kapit de Sarawak, no Bornéu Malaio.

O Anopheles cracens também foi registado como vetor de P. knowlesi. Foi demonstrado que ambas as espécies de mosquitos contêm até 1.000 esporozoítos, o que sugere que podem ser vectores eficientes.

Um estudo de potenciais vectores na Malásia sugere que o Anopheles cracens pode ser um importante vetor de P. knowlesi.

Apresentação clínica:

Foram propostos dois modos possíveis de transmissão aos seres humanos: de um macaco infetado para um ser humano ou de um ser humano infetado para outro ser humano.

Os sintomas começam normalmente cerca de 11 dias depois de um mosquito infetado ter picado uma pessoa e os parasitas podem ser vistos no sangue entre 10 a 12 dias após a infeção. O parasita pode multiplicar-se rapidamente, resultando em densidades muito elevadas de parasitas que podem ser fatais.

Embora a atual taxa de infeção com Plasmodium knowlesi seja relativamente baixa, um risco que apresenta é o diagnóstico errado com outras formas de parasitas da malária, como o P. malariae, especialmente quando se utiliza a microscopia. O P. knowlesi só pode ser distinguido com exatidão do P. malariae utilizando o ensaio PCR e/ou a caraterização molecular.

Os sintomas de *P. knowlesi* nos seres humanos incluem dores de cabeça, febre, arrepios e suores frios. Singh *et al.* (2004) apresentaram sintomas clínicos em 94 doentes com infeção por *P. knowlesi de uma* única espécie no Hospital Kapit, em Sarawak e no Bornéu Malaio. Os sintomas incluíam febre, arrepios e rigor em 100% dos doentes, dor de cabeça em 32%, tosse em 18%, vómitos em 16%, náuseas em 6% e diarreia em 4%. O ciclo assexuado do parasita nos seres humanos e no seu hospedeiro natural, o macaco, é de cerca de 24 horas. Por isso, a doença pode ser designada por malária quotidiana, em consonância com a designação de malária terciária e malária quartã. Para além de um diagnóstico laboratorial através de um ensaio PCR, a malária knowlesi pode também apresentar-se com níveis elevados de proteína C-reactiva e trombocitopenia.

Este parasita causa malária não recidivante devido à ausência de hipnozoítos na sua fase exo-eritrocítica.

Embora a infeção por este organismo não seja normalmente grave, podem ocorrer complicações potencialmente fatais ou mesmo a morte numa minoria de casos. As complicações mais comuns são dificuldades respiratórias, alterações da função hepática, incluindo iterícia e insuficiência renal. A mortalidade numa série de casos foi de cerca de 2%. [21]

Capítulo 8. Diagnóstico da malária

A malária, por vezes chamada o "Rei das Doenças", é causada por parasitas protozoários do género *Plasmodium*. O tipo de malária mais grave e por vezes fatal é causado pelo *Plasmodium falciparum*. As outras espécies de malária humana, *P. vivax, P. ovale, P. malariae* e, por vezes, *P. knowlesi,* podem causar doença aguda e grave, mas as taxas de mortalidade são baixas. A malária é a doença infecciosa mais importante nas regiões tropicais e subtropicais e continua a ser um grande problema de saúde mundial, com mais de 40% da população mundial exposta a vários graus de risco de malária em cerca de 100 países. Calcula-se que mais de 500 milhões de pessoas sofram anualmente de infecções de paludismo, o que provoca cerca de 1 a 2 milhões de mortes, 90% das quais são crianças na África subsariana. O número de casos de paludismo em todo o mundo parece estar a aumentar, devido ao aumento do risco de transmissão em zonas onde o controlo do paludismo diminuiu, à prevalência crescente de estirpes de parasitas resistentes aos medicamentos e, num número relativamente reduzido de casos, ao aumento maciço das viagens e migrações internacionais. A necessidade de diagnósticos eficazes e práticos para o controlo global da malária é cada vez maior, uma vez que um diagnóstico eficaz reduz tanto as complicações como a mortalidade causadas pela malária. A diferenciação dos diagnósticos clínicos de outras infecções tropicais, com base nos sinais e sintomas dos doentes ou nas conclusões dos médicos, pode ser difícil. Por conseguinte, são urgentemente necessários diagnósticos confirmatórios utilizando tecnologias laboratoriais. Esta análise discute os métodos de diagnóstico da malária atualmente disponíveis em muitos contextos e avalia a sua viabilidade em contextos ricos e pobres em recursos.

Um diagnóstico rápido e exato é fundamental para o tratamento eficaz da malária. O impacto global da malária estimulou o interesse no desenvolvimento de estratégias de diagnóstico eficazes, não só em zonas com recursos limitados, onde a malária constitui um fardo substancial para a sociedade, mas também em países desenvolvidos, onde muitas vezes não existem conhecimentos especializados em matéria de diagnóstico da malária. O diagnóstico da malária implica a identificação de parasitas ou antigénios/produtos da malária no sangue do doente. Embora isto possa parecer simples, a eficácia do diagnóstico está sujeita a muitos factores. As diferentes formas das 5 espécies de paludismo; as diferentes fases da esquizogonia eritrocítica, a endemicidade das diferentes espécies, a inter-relação entre os níveis de transmissão, o movimento da população, a parasitemia, a imunidade e os sinais e sintomas; a resistência aos medicamentos, os problemas de paludismo recorrente, a persistência de parasitemia viável ou não viável e o sequestro dos parasitas nos tecidos mais profundos, bem como a utilização de quimioprofilaxia ou mesmo o tratamento presuntivo com base no diagnóstico clínico, tudo isto pode influenciar a identificação e interpretação da parasitemia da malária num teste de diagnóstico.

A malária é uma potencial emergência médica e deve ser tratada em conformidade. Os atrasos no diagnóstico e no tratamento são as principais causas de morte em muitos países. O diagnóstico pode ser difícil onde o paludismo já não é endémico para os prestadores de cuidados de saúde que não estão familiarizados com a doença. Os médicos podem esquecer-se de considerar o paludismo entre os diagnósticos potenciais de alguns doentes e não pedir os testes de diagnóstico necessários. Os técnicos podem não estar familiarizados ou não ter experiência com o paludismo e não conseguir detetar parasitas quando examinam esfregaços de sangue ao microscópio. Em certas zonas, a transmissão do paludismo é tão intensa que uma grande parte da população está infetada mas permanece assintomática, por exemplo, na África. Estes portadores desenvolveram imunidade suficiente para os proteger da doença da malária, mas não da infeção. Em tais situações, encontrar parasitas do paludismo numa pessoa doente não significa necessariamente que a doença seja causada pelos parasitas. Em muitos países onde o paludismo é endémico, a falta de recursos é um obstáculo importante para um diagnóstico fiável e atempado. O pessoal de saúde tem pouca formação, está mal equipado e é mal pago. Muitas vezes, enfrentam uma carga excessiva de pacientes e têm de dividir a sua atenção entre o paludismo e outras doenças infecciosas igualmente graves, como a tuberculose ou o VIH/SIDA.

DIAGNÓSTICO CLÍNICO DA MALÁRIA

O diagnóstico clínico da malária é tradicional entre os médicos. Este método é o menos dispendioso e o mais praticado. O diagnóstico clínico baseia-se nos sinais e sintomas do doente e nas observações físicas aquando do exame. Os primeiros sintomas do paludismo são muito inespecíficos e variáveis, e incluem febre, cefaleias, fraqueza, mialgias, arrepios, tonturas, dores abdominais, diarreia, náuseas, vómitos, anorexia e prurido. O diagnóstico clínico do paludismo continua a ser um desafio devido à natureza inespecífica dos sinais e sintomas, que se sobrepõem consideravelmente a outras doenças comuns e potencialmente mortais, por exemplo, infecções virais ou bacterianas comuns e outras doenças febris. A sobreposição dos sintomas do paludismo com outras doenças tropicais prejudica a especificidade do diagnóstico, o que pode promover o uso indiscriminado de antimaláricos e comprometer a qualidade dos cuidados prestados aos doentes com febres não palúdicas em zonas endémicas. A Gestão Integrada das Doenças Infantis (GIDI) forneceu algoritmos clínicos para a gestão e o diagnóstico de doenças infantis comuns por parte de prestadores de cuidados de saúde com formação mínima nos países em desenvolvimento e com equipamento inadequado para o diagnóstico laboratorial. Um algoritmo clínico amplamente utilizado para o diagnóstico da malária, comparado com o de um pediatra com formação completa e acesso a apoio laboratorial, revelou uma especificidade muito baixa (0-9%), mas uma sensibilidade de 100% em contextos africanos. Esta falta de especificidade revela os perigos de distinguir a malária de outras causas de febre em crianças apenas com base em dados clínicos. Recentemente, outro estudo mostrou que a utilização do algoritmo clínico IMCI resultou em 30% de sobre-diagnóstico da malária. Por conseguinte, a exatidão do diagnóstico da malária pode ser grandemente melhorada através da combinação de resultados clínicos e baseados nos parasitas.

DIAGNÓSTICO LABORATORIAL DA MALÁRIA

O diagnóstico da malária é efectuado convencionalmente através do exame microscópico de esfregaços de sangue corados com as colorações de Giemsa, Wright ou Field. Este método mudou muito pouco desde a descoberta original do parasita da malária por Laverran e das melhorias nas técnicas de coloração por Romanowsky no final dos anos 1800. Mais de um século depois, a deteção microscópica e a identificação de espécies de *Plasmodium* em películas de sangue espessas coradas com Giemsa (para despiste do parasita da malária) e em películas de sangue finas (para confirmação da espécie) continuam a ser o padrão de ouro para o diagnóstico laboratorial. Resumidamente, o dedo do doente é limpo com álcool etílico a 70%, deixa-se secar e, em seguida, a parte lateral da ponta do dedo é apanhada com uma lanceta esterilizada afiada e são colocadas duas gotas de sangue numa lâmina de vidro. Para preparar uma película de sangue espessa, agita-se uma mancha de sangue em movimentos circulares com o canto da lâmina, tendo o cuidado de não tornar a preparação demasiado espessa, e deixa-se secar sem fixador. Após a secagem, a mancha é corada com Giemsa diluído (1: 20, vol/vol) durante 20 minutos e lavada colocando a película em água tamponada durante 3 minutos. A lâmina é deixada secar ao ar numa posição vertical e examinada com um microscópio ótico. Uma vez que não estão fixados, os glóbulos vermelhos liofilizam quando se aplica uma coloração à base de água. Preparar uma fina película de sangue, colocando imediatamente o bordo liso de uma lâmina de espalhamento numa gota de sangue, ajustando o ângulo entre a lâmina e o espalhador a 45° e espalhando o sangue com um movimento rápido e constante ao longo da superfície. Em seguida, deixar secar ao ar e fixar a película com metanol absoluto. Após a secagem, a amostra é corada com Giemsa diluído (1:20, vol/vol) durante 20 minutos e lavada mergulhando brevemente a lâmina num frasco com água tamponada (uma lavagem excessiva descolora a película). A lâmina é então deixada a secar ao ar numa posição vertical e examinada ao microscópio ótico. A grande aceitação desta técnica por laboratórios de todo o mundo pode ser atribuída à sua simplicidade, baixo custo, capacidade de identificar a presença de parasitas, as espécies infectantes e avaliar a densidade de parasitas - todos parâmetros úteis para a gestão da malária. Recentemente, um estudo demonstrou que o diagnóstico microscópico convencional da malária em unidades de cuidados de saúde primários na Tanzânia podia reduzir a prescrição de medicamentos antipalúdicos e também parecia melhorar a gestão adequada de febres não-maláricas. No entanto, os processos de coloração e interpretação são trabalhosos, demorados e requerem conhecimentos consideráveis e profissionais de saúde com formação, especialmente para identificar com precisão as espécies com baixa parasitemia ou em infecções mistas por malária. A falha mais importante do exame microscópico é a sua sensibilidade relativamente baixa, particularmente em níveis baixos de parasitas. Embora os microscopistas especializados possam detetar até 5 parasitas/μl, os microscopistas médios detectam apenas 50-100 parasitas/μl. Isto resultou provavelmente na subestimação das taxas de infeção por malária, especialmente em casos com baixa parasitemia e malária assintomática. A capacidade de manter os níveis necessários de perícia no diagnóstico do paludismo é problemática, especialmente em centros médicos remotos em países onde a doença é raramente observada. A microscopia é trabalhosa e pouco adequada para uma utilização de elevado rendimento, e a determinação das espécies com baixa densidade de parasitas continua a ser um desafio. Por conseguinte, em ambientes rurais remotos, por exemplo, clínicas médicas periféricas sem eletricidade e sem recursos de instalações de saúde, a microscopia está frequentemente indisponível.

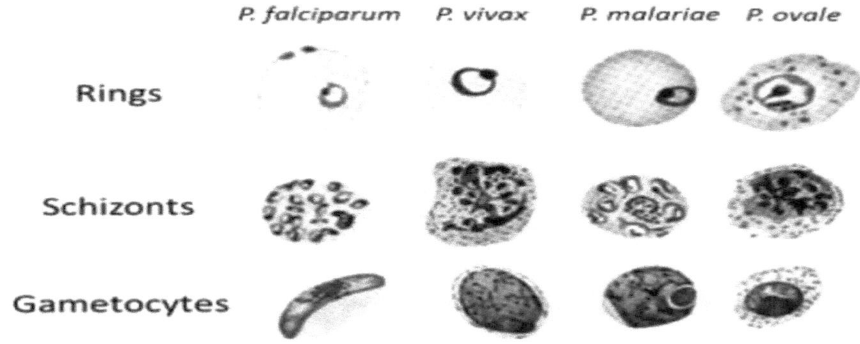

Técnica QBC

A técnica QBC foi concebida para melhorar a deteção microscópica de parasitas e simplificar o diagnóstico da malária. Este método envolve a coloração do ácido desoxirribonucleico (ADN) do parasita em tubos de micro-hematócrito com corantes fluorescentes, por exemplo, laranja de acridina, e a sua subsequente deteção por microscopia epi-fluorescente. Resumidamente, o sangue recolhido por picada no dedo é colocado num tubo hematócrito contendo laranja de acridina e anticoagulante. O tubo é centrifugado a 12 000 g durante 5 minutos e imediatamente examinado com um microscópio de epi-fluorescência. Os núcleos dos parasitas fluorescem a verde brilhante, enquanto o citoplasma aparece a amarelo-alaranjado. A técnica QBC demonstrou ser um teste rápido e sensível para o diagnóstico da malária em numerosos laboratórios. Embora aumente a sensibilidade para *P. falciparum,* reduz a sensibilidade para espécies não falciparum e diminui a especificidade devido à coloração do ADN dos leucócitos. Recentemente, foi demonstrado que o laranja de acridina é o método de diagnóstico preferido (em relação à microscopia ótica e aos testes imunocromatográficos) no contexto de estudos epidemiológicos em populações assintomáticas em áreas endémicas, provavelmente devido a uma maior sensibilidade com uma parasitemia baixa. Atualmente, estão disponíveis comercialmente microscópios fluorescentes portáteis que utilizam tecnologia de díodos emissores de luz (LED) e lâminas de vidro pré-preparadas com reagente fluorescente para marcar os parasitas. Embora a técnica de CBQ seja simples, fiável e de fácil utilização, requer instrumentação especializada, é mais dispendiosa do que a microscopia ótica convencional e é deficiente na determinação das espécies e do número de parasitas.

Testes de diagnóstico rápido (RDTs)

Desde que a Organização Mundial de Saúde (OMS) reconheceu a necessidade urgente de testes de diagnóstico novos, simples, rápidos, exactos e económicos para determinar a presença de parasitas da malária, para ultrapassar as deficiências da microscopia ótica, foram desenvolvidas numerosas técnicas novas de diagnóstico da malária. Isto, por sua vez, levou a um aumento da utilização de RDT para a malária, que são rápidos e fáceis de executar e não requerem eletricidade ou equipamento específico. Atualmente, estão disponíveis 86 RDT para a malária de 28 fabricantes diferentes. Ao contrário do diagnóstico microscópico convencional através da coloração de esfregaços de sangue periférico finos e espessos e da técnica de hemograma, os RDT baseiam-se todos no mesmo princípio e detectam o antigénio da malária no sangue que flui ao longo de uma membrana que contém anticorpos específicos anti-malária; não necessitam de equipamento de laboratório. A maioria dos produtos tem como alvo uma proteína específica de P. falciparum, por exemplo, a proteína II rica em histidina (HRP-II) ou a lactato desidrogenase (LDH). Alguns testes detectam antigénios específicos e pan-específicos de P. falciparum (aldolase ou pLDH pan-malária) e distinguem infecções não-P. falciparum de infecções mistas de malária. Embora a maioria dos produtos RDT seja adequada para o diagnóstico da malária falciparum, alguns também afirmam que podem diagnosticar eficaz e rapidamente a malária P. vivax. Recentemente, foi desenvolvido um novo método RDT para a deteção de P. knowlesi. Os RDT oferecem uma oportunidade de alargar os benefícios do diagnóstico da malária com base no parasita para além dos limites da microscopia ótica, com vantagens potencialmente significativas na gestão de doenças febris em áreas remotas onde a malária é endémica. O desempenho dos RDT para o diagnóstico da malária tem sido considerado excelente; no entanto, alguns relatórios de zonas remotas onde a malária é endémica revelaram grandes variações na sensibilidade. Murray e co-autores discutiram recentemente a fiabilidade dos RDT numa "atualização dos testes de diagnóstico rápido da malária" no seu excelente artigo. De um modo geral, os RDT parecem ser uma ferramenta de diagnóstico rápido da malária muito valiosa para os profissionais de saúde; no entanto, atualmente devem ser utilizados em conjunto com outros métodos para confirmar os resultados, caraterizar a infeção e monitorizar o tratamento. Em zonas onde a malária é endémica e onde não existem instalações de microscopia ótica que possam beneficiar dos RDT, são necessárias melhorias em termos de facilidade de utilização, sensibilidade para infecções não-falciparum, estabilidade e acessibilidade. A OMS está agora a desenvolver orientações para garantir o controlo de qualidade lote a lote, o que é essencial para a confiança da comunidade neste novo instrumento de diagnóstico.

Dado que a simplicidade e a fiabilidade dos RDT foram melhoradas para utilização em zonas rurais endémicas, o diagnóstico por RDT em regiões não endémicas está a tornar-se mais viável, o que pode reduzir o tempo de tratamento dos casos de paludismo importado.

Testes serológicos

O diagnóstico da malária utilizando métodos serológicos baseia-se normalmente na deteção de anticorpos contra parasitas da malária na fase assexuada do sangue. O teste de anticorpos de imunofluorescência (IFA) tem sido um teste serológico fiável para a malária nas últimas décadas. Embora a IFA seja demorada e subjectiva, é altamente sensível e específica. A literatura ilustra claramente a fiabilidade do IFA, de modo que era geralmente considerado como o padrão de ouro para os testes serológicos da malária. O IFA é útil em inquéritos epidemiológicos, para o rastreio de potenciais dadores de sangue e, ocasionalmente, para fornecer provas de infeção recente em não imunes. Até há pouco tempo, era um método validado para detetar anticorpos *específicos de Plasmodium* em várias unidades de bancos de sangue, o que era útil para o rastreio de potenciais dadores de sangue, evitando assim a malária transmitida por transfusão. Em França, por exemplo, a IFA é utilizada como parte de uma estratégia de rastreio orientada, combinada com um questionário aos dadores. O princípio da IFA é que, após a infeção com qualquer espécie de *Plasmodium*, são produzidos anticorpos específicos no prazo de 2 semanas após a infeção inicial, que persistem durante 3-6 meses após a eliminação do parasita. A IFA utiliza antigénio específico ou antigénio bruto preparado numa lâmina, revestido e mantido a -30°C até ser utilizado, e quantifica os anticorpos IgG e IgM nas amostras de soro do doente. Os títulos > 1: 20 são normalmente considerados positivos, e < 1: 20 não são confirmados. Os títulos > 1: 200 podem ser classificados como infecções recentes. Em conclusão, a IFA é simples e sensível, mas consome muito tempo. Não pode ser automatizado, o que limita o número de soros que podem ser estudados diariamente. Também requer microscopia de fluorescência e técnicos treinados; as leituras podem ser influenciadas pelo nível de treinamento do técnico, particularmente para amostras de soro com baixos títulos de anticorpos.

Além disso, a falta de padronização dos reagentes IFA torna impraticável a sua utilização de rotina nos centros de transfusão sanguínea e a harmonização dos resultados interlaboratoriais.

MÉTODOS DE DIAGNÓSTICO MOLECULAR

Como já foi referido, os métodos tradicionais de diagnóstico da malária continuam a ser problemáticos. São urgentemente necessárias novas técnicas de diagnóstico laboratorial que apresentem uma elevada sensibilidade e especificidade, sem variações subjectivas, em vários laboratórios. Os recentes desenvolvimentos nas tecnologias de biologia molecular, por exemplo, PCR, amplificação isotérmica mediada por laço (LAMP), microarray, espetrometria de massa (MS) e técnicas de ensaio de citometria de fluxo (FCM), permitiram uma extensa caraterização do parasita da malária e estão a gerar novas estratégias para o diagnóstico da malária.

Técnica PCR

As técnicas baseadas na PCR são um desenvolvimento recente no diagnóstico molecular da malária e provaram ser um dos métodos de diagnóstico mais específicos e sensíveis, particularmente para casos de malária com baixa parasitemia ou infeção mista. A técnica de PCR continua a ser amplamente utilizada para confirmar a infeção por malária, acompanhar a resposta terapêutica e identificar a resistência aos medicamentos. Verificou-se que é mais sensível do que o hemograma e alguns RDT. No que diz respeito ao método padrão de ouro para o diagnóstico da malária, a PCR demonstrou uma maior sensibilidade e especificidade do que o exame microscópico convencional de esfregaços de sangue periférico corados, e parece ser atualmente o melhor método para o diagnóstico da malária. A PCR pode detetar apenas 1-5 parasitas/µl de sangue ($\leq 0,0001\%$ de glóbulos vermelhos infectados) em comparação com cerca de 50-100 parasitas/µl de sangue por microscopia ou RDT. Além disso, a PCR pode ajudar a detetar parasitas resistentes a medicamentos, infecções mistas e pode ser automatizada para processar um grande número de amostras. Alguns métodos de PCR modificados estão a revelar-se fiáveis, por exemplo, PCR aninhada, PCR em tempo real e PCR de transcrição inversa, e parecem ser técnicas de segunda linha úteis quando o 96 Korean J Parasitology. Vol. 47, No. 2: 93-102, June 2009 resultados dos métodos de diagnóstico tradicionais não são claros para os pacientes que apresentam sinais e sintomas de malária; permitem também a determinação exacta das espécies. Embora a PCR pareça ter ultrapassado os dois principais problemas do diagnóstico da malária - sensibilidade e especificidade - a utilidade da PCR é limitada por metodologias complexas, um custo elevado e a necessidade de técnicos com formação específica. Por conseguinte, a PCR não é implementada por rotina nos países em desenvolvimento devido à complexidade dos testes e à falta de recursos para os efetuar de forma adequada e rotineira. O controlo de qualidade e a manutenção do equipamento são também essenciais para a técnica de PCR, pelo que esta pode não ser adequada para o diagnóstico da malária em zonas rurais remotas ou mesmo em contextos de diagnóstico clínico de rotina.

Técnica LAMP

A técnica LAMP é considerada um teste de diagnóstico molecular da malária simples e económico que detecta o gene conservado 18S do ARN do ribossoma de P. falciparum. Outros estudos demonstraram uma elevada sensibilidade e especificidade, não só para P. falciparum, mas também para P. vivax, P. ovale e P . malariae Estas observações sugerem que a LAMP é mais fiável e útil para o rastreio de rotina dos parasitas da malária em regiões onde as doenças transmitidas por vectores, como a malária, são endémicas. O LAMP parece ser fácil, sensível, rápido e de custo inferior ao da PCR. No entanto, os reagentes requerem armazenamento a frio e são necessários mais ensaios clínicos para validar a viabilidade e a utilidade clínica da LAMP.

Microarrays

A publicação do genoma *do Plasmodium* oferece muitas oportunidades para o diagnóstico da malária.

Os microarrays podem desempenhar um papel importante no futuro diagnóstico de doenças infecciosas. O princípio da técnica de microarrays é semelhante ao da hibridação tradicional de Southern. A hibridação de alvos marcados divididos a partir de ácidos nucleicos na amostra de teste com sondas na matriz permite a sondagem de múltiplos alvos genéticos numa única experiência. Idealmente, esta técnica seria miniaturizada e automatizada para diagnósticos no local de prestação de cuidados. Foi desenvolvido um microarray de oligonucleótidos pan-microbiano para o diagnóstico de doenças infecciosas e identificou com precisão o *P. falciparum* em amostras clínicas. No entanto, esta técnica de diagnóstico ainda se encontra nas primeiras fases de desenvolvimento.

Ensaio FCM

A citometria de fluxo tem sido utilizada para o diagnóstico da malária. Resumidamente, o princípio desta técnica baseia-se na deteção da hemozoína, que é produzida quando os parasitas intra-eritrocíticos da malária digerem a hemoglobina do hospedeiro e cristalizam o heme tóxico libertado em hemozoína no vacúolo alimentar ácido. A hemozoína no interior dos fagócitos pode ser detectada por despolarização da luz laser, à medida que as células passam através de um canal de um citómetro de fluxo. Este método pode fornecer uma sensibilidade de 49-98%, e uma especificidade de 82-97%, para o diagnóstico da malária, mas é trabalhoso, requer técnicos treinados, equipamento de diagnóstico dispendioso, e podem ocorrer falsos positivos com outras infecções bacterianas ou virais. Por conseguinte, este método deve ser considerado um instrumento de rastreio da malária.

Contadores automáticos de células sanguíneas (ACC)

Um ACC é uma ferramenta prática para o diagnóstico da malária, com 3 abordagens registadas. A primeira utilizou um aparelho Cell-Dyn® 3500 para detetar o pigmento da malária (hemozoína) nos monócitos e mostrou uma sensibilidade de 95% e uma especificidade de 88%, em comparação com o esfregaço de sangue padrão-ouro. O segundo método também utilizou um Cell-Dyn® 3500 e analisou a luz laser despolarizada (DLL) para detetar a infeção por malária, com uma sensibilidade global de 72% e uma especificidade de 96%. A terceira técnica utilizou um Beckman Coulter ACC para detetar aumentos de monócitos activados por volume, condutividade e dispersão (VCS), com 98% de sensibilidade e 94% de especificidade. Embora promissoras, nenhuma das 3 técnicas está disponível por rotina no laboratório clínico; são necessários mais estudos para melhorar e validar o instrumento e o seu software. A exatidão que estes métodos prometem, para a deteção de parasitas da malária, significa que o ACC pode tornar-se um método laboratorial valioso e de rotina para o diagnóstico da malária.

Espectrofotometria de massa

Foi recentemente apresentado um novo método para a deteção in vitro de parasitas da malária, com uma sensibilidade de 10 parasitas/pl de sangue. Este método inclui um protocolo de limpeza de amostras de sangue total, seguido de espetrometria de massa por dessorção laser ultravioleta direta (LDMS). Para o diagnóstico da malária, o princípio da LDMS é identificar um biomarcador específico em amostras clínicas. Na malária, o heme da hemozoína é o biomarcador de interesse específico do parasita. O LDMS é rápido, de alto rendimento e automatizado. Em comparação com o método microscópico, que requer um microscopista qualificado e até 30-60 minutos para examinar cada esfregaço de sangue periférico, o LDMS pode analisar uma amostra em menos de 1 minuto. No entanto, as zonas rurais remotas sem eletricidade são inóspitas para os espectrómetros de massa de alta tecnologia existentes. Futuras melhorias no equipamento e nas técnicas deverão tornar este método mais praticável.

Recentemente, foram desenvolvidos e introduzidos outros testes fiáveis de diagnóstico da malária, e alguns testes estão disponíveis comercialmente, por exemplo, o ensaio de imunoabsorção enzimática (ELISA)/ensaio imunoenzimático (EIA), o ensaio de aglutinação em látex e a cultura de parasitas vivos da malária. Também foram descritos diagnósticos de órgãos post-mortem, através da investigação de parasitas da malária em tecidos de autópsia, por exemplo, fígado e baço, rim e cérebro. No entanto, a cultura de parasitas, as técnicas moleculares, as técnicas serológicas e as técnicas de diagnóstico patobiológico, embora por vezes úteis em laboratórios de investigação, não são práticas ou adequadas para o diagnóstico clínico de rotina da malária. [22]

Cultura da malária

O cultivo de espécies humanas e não humanas de Plasmodium spp., o agente causal da malária, tem sido um grande sucesso de investigação, levando a uma maior compreensão do parasita. Os esforços para cultivar os organismos in vitro são complicados pelo facto de os parasitas alternarem entre um hospedeiro humano e um vetor artrópode, cada um com o seu próprio conjunto de parâmetros fisiológicos, metabólicos e nutricionais. As fases do ciclo de vida das quatro espécies que infectam os seres humanos foram estabelecidas in vitro. Destas quatro, o P. falciparum continua a ser a única espécie para a qual todas as fases foram cultivadas in vitro; foram alcançados diferentes graus de sucesso com as outras espécies de Plasmodium humano. O ciclo de vida inclui a fase exo-eritrocítica (nas células do fígado), a fase eritrocítica (nos eritrócitos ou nos reticulócitos precursores) e a fase esporogónica (no vetor). Os meios de cultura consistem geralmente num meio básico de cultura de tecidos (por exemplo, meio essencial mínimo ou RPMI 1640) ao qual são adicionados soro e eritrócitos. A maior parte dos esforços tem sido direccionada para a fase encontrada no eritrócito. Esta fase tem sido cultivada em placas de Petri ou noutros recipientes de crescimento num frasco de vela para gerar níveis elevados de CO_2 ou numa atmosfera de CO_2 mais controlada. Desenvolvimentos posteriores utilizaram sistemas de fluxo contínuo para reduzir o trabalho intensivo de mudança de meio. As fases exo-eritrocíticas e esporogónicas do ciclo de vida também foram cultivadas in vitro. Vários parasitas da malária de aves, roedores e símios também foram estabelecidos in vitro. Embora a cultura seja de grande ajuda para compreender a biologia do Plasmodium, não se presta a ser utilizada para fins de diagnóstico.

À escala mundial, a malária tem sido e continua a ser um grande problema de saúde pública. A doença é causada por protozoários parasitas do género Plasmodium. O ciclo de vida deste organismo é complexo, com o parasita a alternar entre a reprodução sexual num hospedeiro invertebrado (mosquito) e a reprodução assexuada num hospedeiro vertebrado. Para além dos mamíferos como hospedeiros vertebrados, as aves e os répteis também servem de hospedeiros para os parasitas da malária. A parte do ciclo de vida no mosquito é a fase esporogónica, que leva à formação de esporozoítos que são injectados pelo vetor no hospedeiro vertebrado no momento da alimentação. Os esporozoítos dão origem à fase esquizogónica, com proliferação dos parasitas em locais eritrocíticos e exo-eritrocíticos. O parasita é extracelular durante a sua fase esporogónica, mudando para uma localização intracelular durante as fases esquizogónicas do desenvolvimento. O cultivo in vitro do parasita requer a simulação de condições no mosquito vetor para a fase esporogónica do ciclo de vida e, para a fase esquizogónica, condições que promovam o crescimento em locais exo-eritrocíticos e eritrocíticos dos hospedeiros vertebrados. Nesta revisão, tentamos fazer a ponte entre alguma da literatura anterior e os desenvolvimentos recentes relacionados com o crescimento in vitro de Plasmodium spp. Tanto os parasitas da malária humana como os não humanos são tratados nesta secção, embora estes últimos não tenham significado clínico. Os Plasmodium spp. não humanos partilham características nutricionais com os seus homólogos humanos e têm servido frequentemente de modelos para o cultivo de espécies que infectam os seres humanos. Uma vez que a presente revisão não aborda em pormenor a extensa literatura sobre o cultivo de Plasmodium spp. o leitor interessado é remetido para os tratamentos mais abrangentes do cultivo das várias fases do ciclo de vida do parasita.

Quando introduzidos na corrente sanguínea de um hospedeiro vertebrado por um mosquito, os esporozoítos entram na fase exo-eritrocítica de desenvolvimento. Nos mamíferos, isto ocorre nas células hepáticas, enquanto que nos hospedeiros aviários, os parasitas invadem as células do sistema reticuloendotelial. Nas malárias dos mamíferos, a fase invasiva dos eritrócitos, o merozoíto, passa por uma sequência de desenvolvimento que começa com uma fase anelar caraterística e leva à formação de um esquizonte multinucleado. O desenvolvimento posterior do esquizonte leva à formação de múltiplos merozoítos que, após a rutura da célula hospedeira infetada, invadem outros eritrócitos. Nas malárias aviárias, depois de saírem das células do sistema reticuloendotelial, os merozoítos podem reinvadir as células reticuloendoteliais ou entrar nos eritrócitos. Os parasitas podem ser recuperados da corrente sanguínea periférica do hospedeiro vertebrado, onde passam por um ciclo de invasão repetida dos eritrócitos com sincronia caraterística para aumentar o nível de parasitemia na corrente sanguínea do hospedeiro. Os seres humanos são infectados por quatro espécies de parasitas da malária: P. falciparum, P. vivax, P. ovale e P. malariae. Em maior ou menor grau, todas as quatro espécies foram cultivadas ou mantidas in vitro; o P. falciparum, no entanto, é a única espécie para a qual todas as fases do ciclo de vida foram estabelecidas em cultura.

Existem diferenças entre as estirpes de Plasmodium. Algumas estirpes estabelecem-se facilmente in vitro, enquanto outras são refractárias à cultura. Uma vez em cultura, os isolados sofrem alterações, talvez devido à seleção. No P. falciparum, por exemplo, a formação de gametócitos é típica de estirpes recentemente cultivadas, mas perde-se com o cultivo prolongado. A este respeito, é importante notar que a criopreservação de isolados pode manter as características de uma estirpe que podem ser perdidas com o cultivo prolongado. Além disso, a utilização de linhas celulares clonadas para experiências e a caraterização de estirpes de laboratório com base em proteínas e ADN é outra consideração.

MALARIAS HUMANAS

Estágios exo-eritrocíticos:

Quando o parasita é introduzido pela primeira vez na corrente sanguínea do seu hospedeiro vertebrado pelo mosquito vetor, o estádio de esporozoíto do *P. falciparum* invade as células hepáticas. Os aspectos da cultura exo-eritrocítica foram revistos por Hollingdale), Jensen e Trager e Jensen.

No caso do P. falciparum, o parasita é provavelmente absorvido primeiro pelas células de Kupffer dos sinusóides do fígado na sua passagem para os hepatócitos do fígado. Mazier et al infectaram com sucesso hepatócitos preparados a partir de amostras de biópsias hepáticas humanas em meio essencial mínimo (MEM) com esporozoítos de P. falciparum, conforme determinado por coloração de imunofluorescência indireta. Os esporozoítos invasores desenvolveram-se em esquizontes nas células hospedeiras, com rendimentos modestos de cerca de 650 esquizontes/placa de cultura de 35 mm de diâmetro. A adição de eritrócitos humanos a culturas de hepatócitos infectados resultou no aparecimento de organismos em fase de anel nas células sanguíneas, indicando a produção de merozoítos infecciosos para os eritrócitos. Calvo-Calle et al. (observaram que P. falciparum se desenvolveu nas linhas celulares de hepatoma humano huH-1 e huH-2, mas não de forma consistente (uma em três experiências). Uma linha diferente de células de hepatoma humano (HHS-102) permitiu o desenvolvimento de estádios hepáticos de P. falciparum e a formação de estádios em anel em eritrócitos co-cultivados.

O padrão de recaída que ocorre com as malárias humanas causadas por P. vivax e P. ovale está associado à presença de parasitas dormentes denominados hipnozoítos que sobrevivem nas células parenquimatosas do fígado do hospedeiro. Hollingdale et al. compararam as fases de divisão e não divisão de P. vivax em células de hepatoma (HepG2-A16). Verificaram que ca. 1 em cada 10^4 esporozoítos era infecioso para as células do hepatoma, com a libertação de merozoítos a ocorrer no dia 9 in vitro, em comparação com a libertação no dia 5 a 6 in vivo. Observaram uma população de parasitas mais pequenos, que não se dividiam, em células de hepatoma infectadas, que consideraram ser hipnozoítos. Os hepatócitos humanos primários suportaram com êxito a transformação e a maturação das fases exo-eritrocíticas do P. ovale, enquanto outros tipos de células (HepG2 e hepatócitos de rato) suportaram apenas a transformação. As fases hepáticas de desenvolvimento do P. malariae foram produzidas em hepatócitos primários do chimpanzé.

Fases eritrocíticas

Os maiores esforços e tempo foram investidos na cultura das fases eritrocíticas do ciclo de vida do *Plasmodium*, sendo esta a fase mais frequentemente associada à patogénese da malária e um alvo importante para o desenvolvimento de vacinas. Uma realização significativa neste domínio foi a definição de condições in vitro para a cultura contínua de *P. falciparum,* o mais importante e mortal dos parasitas da malária humana. Isto foi conseguido por Trager e Jensen utilizando RPMI 1640 tamponado com HEPES, um meio de cultura de tecidos desenvolvido para a cultura in vitro de leucócitos, suplementado com soro humano, eritrócitos e bicarbonato de sódio. Inicialmente, os parasitas eram cultivados em placas de Petri colocadas num frasco de vela que fornecia uma atmosfera de 3% de CO_2 -17% de O_2 ou em frascos que permitiam o fluxo contínuo do meio para recipientes de cultura com uma atmosfera de 7% de CO_2 -1% de O_2 -92% de N_2 . Esforços posteriores deram origem a vários dispositivos de fluxo contínuo, bem como a culturas em suspensão para um melhor controlo e rendimento.

Soro como suplemento do meio.

O sistema de crescimento funciona melhor com 10 a 15% de soro humano como suplemento. Por razões que incluem custo, reprodutibilidade e possível presença de fatores imunológicos inibitórios e drogas antimaláricas, há interesse em substituir o soro humano por outros tipos de soros de mamíferos (bovino, macaco, cavalo, cabra, ovelha, coelho ou suíno) ou até mesmo desenvolver um meio sem soro para o cultivo de parasitas. Ao comparar os soros de cavalo, suíno e cordeiro, o soro de cavalo foi superior aos outros, mas não tão bom quanto o soro humano. O soro fetal de bovino, geralmente menos eficaz para o crescimento do que o soro humano, quando recém-obtido de fetos de diferentes raças de bovinos, produziu um bom crescimento de parasitas inicialmente, mas levou a um declínio no número de parasitas ao longo de 30 dias. O soro de coelho (5 a 10%) foi utilizado em vez do soro humano, mas exigiu um período de adaptação das culturas de 2 a 3 semanas. Jensen comparou as percentagens de crescimento de P. falciparum em soros de diferentes origens animais. Com o soro humano fresco como padrão a 100%, os seguintes soros foram classificados como indicados: bovino fetal fresco, 35%; bovino adulto, 7%; bovino recém-nascido, 1%; cavalo, 19%; suíno, 14%; e ovino, 2%. Ifediba e Vanderberg relataram a substituição do soro humano por neopeptona e Proteose Peptona no. 3; Ofulla et al. referiram que a albumina de soro bovino (5 g/litro) substituía o soro. O soro humano dialisado perdeu a sua capacidade de apoiar o crescimento de parasitas e as amostras comerciais de soro humano apoiaram o crescimento a cerca de um quarto das culturas de controlo. O plasma humano semi-imune, inactivado pelo calor, de uma região de endemicidade da malária foi utilizado com êxito para a cultura contínua de isolados primários de P. falciparum.

Substituições de soro.

A fração de lipoproteína de alta densidade humana recentemente preparada (intervalo de concentração de 0,25 a 0,50 mg/ml) foi utilizada para apoiar o crescimento de *P. falciparum,* com resultados comparáveis aos obtidos utilizando soro humano. Outras fracções de lipoproteínas, lipoproteínas de baixa e muito baixa densidade, produziram pouco ou nenhum crescimento. O fator de promoção do crescimento GF 21 (contendo uma fração de sulfato de amónio de soro de bovino adulto mais insulina, transferrina e selenito de sódio) foi utilizado com o meio basal T de Daigo para o crescimento sem soro de *P. falciparum.* O RPMI 1640 foi suplementado com adenosina, ácidos gordos C18 insaturados e albumina de soro bovino sem ácidos gordos para o crescimento sem soro, mas as taxas de crescimento dos parasitas foram inferiores às do meio contendo plasma. O agrupamento de soros minimizou as variações nas propriedades promotoras de crescimento das amostras de soro obtidas de diferentes humanos e coelhos.

Substitutos comerciais de soro.

Linguae et al. utilizaram uma preparação de substituição de soro disponível no mercado, Nutridoma-SR (4%), para apoiar o crescimento de várias estirpes de P. falciparum de diferentes locais do mundo, com uma parasitemia resultante de cerca de 10% em 3 a 4 dias. Flores et al. obtiveram melhores resultados utilizando uma concentração mais baixa de Nutridoma-SR (1%) combinada com Albumax I (0,5%), uma preparação de albumina sérica purificada. As culturas foram mantidas durante 30 a 50 dias, com parasitemias de 10%, em comparação com parasitemias de >15% obtidas com soro humano. Verificaram que as culturas criadas em concentrações mais elevadas de Nutridoma-SR (2 ou 4%) eram inviáveis ou davam níveis mais baixos de parasitemia (sendo a parasitemia o nível de infeção das células sanguíneas). Binh et al. também utilizaram Albumax para o cultivo de P. falciparum, com parasitemias que atingiram 85% após 7 dias com plasmódios passados continuamente. Cranmer et al., utilizando Albumax II (0,5%) para o crescimento de P. falciparum, obtiveram parasitemias de cerca de 6 e 12% para duas estirpes diferentes de malária. Verificaram que era necessário adicionar hipoxantina ao meio de crescimento para obter estes níveis de parasitemia. O plasma, sem tratamento térmico prévio, tem sido utilizado para o crescimento em grande escala de P. falciparum; a coagulação foi evitada através da utilização de recipientes de cultura de plástico ou de vidro siliconizado.

Meio basal.

O meio de cultura de tecidos RPMI 1640 continua a ser o meio de eleição, não só para o *P. falciparum* mas também para a maioria dos outros *Plasmodium* spp. que foram cultivados in vitro. Obtém-se uma melhor consistência para o crescimento do parasita preparando o meio a partir de uma preparação em pó em vez de utilizar a forma líquida disponível na maioria dos fornecedores. O RPMI 1640 foi suplementado com glucose adicional, hipoxantina e glutatião reduzido para melhorar a produção de parasitas. Divo et al. produziram um meio de crescimento semidefinido contendo hipoxantina como fonte de purina preferida; pantotenato de cálcio; e os aminoácidos cistina, glutamato, glutamina, isoleucina, metionina, prolina e tirosina. A glicose não podia ser substituída por outros açúcares: ribose, manose, frutose, galactose e maltose. Os antimetabolitos de riboflavina, nicotinamida, piridoxina e tiamina foram inibidores do crescimento, expresso como incorporação de $[^3 H]$ hipoxantina, em meio semidefinido.

Papel do eritrócito no sistema de cultura.

Os glóbulos vermelhos são essenciais para o desenvolvimento do parasita, proporcionando não só um local para a reprodução assexuada, mas também uma fonte de nutrientes para o parasita para além dos presentes no RPMI 1640 suplementado. In vivo ou in vitro, o parasita entra no eritrócito através da membrana e é encerrado num vacúolo, o vacúolo parasitóforo que se forma em parte a partir da membrana do glóbulo vermelho. O parasita da malária recebe nutrientes e desenvolve-se num esquizonte multinucleado que sofre fissão para produzir um número caraterístico de merozoítos que, após a rutura da célula sanguínea parasitada, invadem outras células sanguíneas e repetem o ciclo de crescimento. As células sanguíneas humanas de todos os grupos são adequadas para o crescimento do P. falciparum. As células do tipo O são úteis devido à sua compatibilidade com soro ou plasma de todos os outros grupos sanguíneos. Trager utilizou uma combinação de células do tipo A e soro devido à sua disponibilidade. O soro do tipo AB é compatível com qualquer tipo de glóbulos vermelhos. Os eritrócitos citratados podem ser armazenados durante um máximo de 5 semanas, altura em que se tornam demasiado frágeis para serem utilizados em culturas. Os eritrócitos citratados são lavados e preparados como uma suspensão de eritrócitos a 50% que se mantém utilizável durante 4 dias a 4°C. Verificou-se que as células sanguíneas armazenadas em salina-adenina-glicose melhoram a produção de parasitas. Os glóbulos vermelhos de chimpanzé, mas não os de macaco rhesus ou de cobaia, apoiaram o desenvolvimento de P. falciparum.

Sistemas de cultura

As culturas em placas são preparadas com um hematócrito de 5% e uma parasitemia de cerca de 1%. Quanto mais baixa for a parasitemia inicial, maior será o aumento do número de parasitas que ocorrerá durante o crescimento in vitro. Trager obteve um aumento de 20 a 50 vezes no número de parasitas com uma parasitemia inicial de 0,1%. A parasitemia das culturas pode ser aumentada para cerca de 20%, mudando o meio de cultura de 8 em 8 horas. A monitorização da parasitemia é efectuada através da preparação de películas de sangue, coloração com Giemsa após fixação em metanol e contagem microscópica dos glóbulos vermelhos infectados.

Embora o sistema mais simples de cultivo de parasitas utilize placas de Petri ou Linbro num frasco de vela, este sistema é trabalhoso, exigindo atenção constante e mudanças diárias de meio para manter o crescimento dos parasitas. Nesse sistema estático, os eritrócitos infectados se depositam formando uma camada, produzindo microambientes ricos em ácido lático na região de proliferação dos parasitas. Isto pode levar a condições desfavoráveis ao desenvolvimento de esquizontes e à penetração de merozoítos em eritrócitos não infectados. A produção de ácido lático reduz a capacidade de tamponamento do meio e leva a uma queda no pH, o que é prejudicial para o crescimento do *Plasmodium.* O rendimento ótimo do parasita ocorre com um pH extracelular de 7,2 a 7,45 e uma concentração de lactato inferior a 12 pm; postula-se que concentrações mais elevadas de lactato causam uma retroação negativa da glicólise. A difusão da glicose na camada celular também se torna limitante.

Foram descritos anteriormente vários dispositivos para a cultura semiautomática de plasmódios. Estes dispositivos permitem o fluxo contínuo de meio através de recipientes de crescimento, com uma fase gasosa controlada de 2 a 5% de CO_2 , 3 a 18% de O_2 , sendo o restante N2. Os dispositivos semi-automatizados reduzem o tempo gasto na manutenção de culturas de reserva do parasita. Embora o parasita da malária se encontre nos glóbulos vermelhos, é microaerófilo na sua preferência de oxigénio. Taylor-Robinson utilizou um sistema comercial concebido para o crescimento de *Campylobacter* spp. para gerar os níveis baixos de O_2 e altos de CO_2 favorecidos por *P. falciparum.* Foram utilizados frascos anaeróbios e envelopes geradores de gás para cultivar parasitas em frascos de cultura de tecidos ou placas de microtitulação numa atmosfera de 6% de O_2 -8% de CO_2 -86% de N_2 . Também foram experimentadas culturas de parasitas em suspensão. Zolg et al.) Relataram melhores rendimentos com a agitação das culturas, mas estas afirmações foram contestadas. A fragilidade dos glóbulos vermelhos infectados é um fator importante nas culturas agitadas, mas isto foi contrariado, até certo ponto, pela utilização de metilcelulose em culturas agitadas. Mons et al. utilizaram um frasco de cultura com uma barra de agitação para a cultura do parasita de roedores *P. berghei.*

Indução de sincronia in vitro.

No seu hospedeiro humano, o P. falciparum apresenta uma sincronia com uma duração de cerca de 48 horas. Uma amostra de sangue colhida em qualquer altura de um hospedeiro infetado revelará uma população de parasitas na mesma fase do seu ciclo de desenvolvimento, ou seja, maioritariamente fases em anel ou maioritariamente esquizontes, etc. Esta sincronia é, em parte, uma resposta à ritmicidade circadiana do corpo do hospedeiro. A sincronia pode ser imposta artificialmente in vitro aos parasitas da malária em desenvolvimento através de um de vários métodos. O mais popular é a utilização de sorbitol ou manitol no tratamento de eritrócitos infectados. As células infectadas são tratadas com sorbitol a 5%, o que provoca a lise dos eritrócitos que contêm estádios tardios e selecciona preferencialmente os eritrócitos com estádios precoces em anel. O efeito não é osmótico, mas está relacionado com a permeabilidade das células infectadas e a sensibilidade dos parasitas ao sorbitol. O tratamento pode ser repetido às 34 h para selecionar ainda mais os estádios jovens e melhorar a sincronia. Outras técnicas envolvem a separação de parasitas em estádios tardios, como por sedimentação em Plasmagel ou gelatina. A maior parte das estirpes de P. falciparum produzem saliências na superfície dos eritrócitos do hospedeiro quando o parasita atinge o estádio de trofozoíto tardio a esquizonte. Estes eritrócitos não formam rouleaux no Plasmagel, tal como os eritrócitos não infectados ou os que contêm organismos em fase de anel. Como resultado, as células com parasitas em fase tardia permanecem em suspensão, enquanto as não infectadas e as com anéis se depositam. Se os parasitas em fase tardia forem depois misturados com glóbulos vermelhos frescos e colocados em condições de cultura, os merozoítos por eles formados invadem novas células. Se deixarmos que a invasão se prolongue durante 3 horas e depois tratarmos as células com sorbitol para matar todos os parasitas em fase tardia, obtemos uma população de anéis com apenas 0 a 3 horas de idade. Uma cultura tão bem sincronizada permanecerá bastante sincronizada durante cerca de três ciclos. A mudança de culturas de P. falciparum de 37 para 28°C foi utilizada para atrasar o ciclo assexual durante 12 a 16 horas.

Awad-El-Kariem et al. utilizaram células de alimentação, quer macrófagos peritoneais de ratinho quer o protozoário flagelado Crithidia fasciculata, para o estabelecimento de P. falciparum in vitro com uma taxa de sucesso superior a 80%. Embora o papel do Crithidia na facilitação do cultivo de parasitas da malária não seja claro, os autores sugerem que pode envolver a redução do potencial redox do meio de cultura, protegendo assim os parasitas dos danos causados por intermediários reactivos de oxigénio.

É de salientar que o P. falciparum em cultura mantém a sua infecciosidade e imunogenicidade. Num acidente de laboratório, uma ferida de punção resultou na inoculação de parasitas em cultura, levando à infeção humana com uma estirpe que tinha sido mantida in vitro durante aproximadamente 4 anos. Trager referiu casos em que foi utilizado material de cultura para o desenvolvimento de vacinas, o que indica a retenção da imunogenicidade.

Plasmodium spp. com exceção do P. falciparum.

Embora o sistema in vitro tenha funcionado bem para o P. falciparum, o P. vivax não tem sido suscetível de ser cultivado utilizando os mesmos métodos. Brockelman et al. utilizaram o meio SCMI 612 para estádios esquizogónicos de P. vivax e concluíram que este meio funcionava melhor do que os meios RPMI 1640 ou Weymouth. Referiram que era necessário um nível de glucose mais elevado (3 mg/ml) para o P. vivax do que para o P. falciparum. Ao contrário do P. falciparum, que se desenvolve nos eritrócitos, o P. vivax invade os eritrócitos em desenvolvimento, os reticulócitos. Assim, para manter esta espécie in vitro, é necessário um grande fornecimento de reticulócitos para o desenvolvimento. Mons et al. utilizaram RPMI 1640

com uma fração enriquecida de reticulócitos de macacos-coruja (Aotus sp.), observando que P. vivax infecta preferencialmente estes eritrócitos imaturos. No entanto, os níveis de parasitemia foram baixos. Não só os reticulócitos eram necessários para o desenvolvimento do parasita, como também a agitação do meio de cultura era necessária para estabelecer o contacto entre o parasita e a célula hospedeira. A agitação das culturas levou à diminuição do número de parasitas devido à fragilidade das células sanguíneas de Aotus parasitadas. Uma variedade de suplementos, incluindo hipoxantina, ácido ascórbico, colina, biotina, B_{12} , e $MgCl_2$ teve pouco ou nenhum efeito sobre o crescimento e a esquizogonia. A necessidade de eritrócitos e reticulócitos jovens foi constatada por Lanners, que utilizou um sistema de fluxo contínuo. Foi adicionada metilcelulose (0,1%) para reduzir a rutura das membranas dos eritrócitos. Outros suplementos incluíram glucose, espermidina e antioxidantes.

Golenda et al. conseguiram uma cultura in vitro estável de *P. vivax* durante oito ciclos de crescimento utilizando populações enriquecidas de reticulócitos de seres humanos com hemocromatose. Utilizando o meio McCoy's 5A suplementado com glutamina e 20% de soro humano, cultivaram o parasita inicialmente num frasco de vela até serem produzidos estádios esquizogónicos. Os reticulócitos foram então adicionados e a cultura foi transferida para um agitador, o que promoveu o contacto entre os parasitas e as células hospedeiras. Obtiveram 85% de organismos em fase de anel após cerca de 12 h nestas condições. Os gametócitos não se desenvolveram, embora os parasitas continuassem a ser infecciosos para os macacos-coruja.

Lingnau et al. observaram o desenvolvimento, durante um período de 6 dias, de estádios eritrocíticos de *P. malariae* em meio RPMI 1640 suplementado com glutamina, hipoxantina e 20% de soro humano. A variedade de estádios observados nos glóbulos vermelhos sugeriu que os merozoítos foram produzidos in vitro e invadiram eritrócitos não infectados.

Desenvolvimento sem células dos estádios eritrocíticos

Embora o crescimento in vitro de plasmódios seja um feito significativo por si só, o crescimento dos parasitas em condições completamente livres de células ou axénicas permitiria examinar as necessidades nutricionais dos parasitas, as propriedades bioquímicas e moleculares e a sensibilidade aos agentes antimicrobianos, na ausência dos do eritrócito hospedeiro. Para o efeito, Trager e colaboradores conseguiram obter o desenvolvimento de merozoítos de *P. falciparum* até à fase de anel em condições sem células. Num estudo inicial, Trager e Lanners cultivaram merozoítos de *P. falciparum* até aos estádios de anel e trófico em RPMI 1640 tamponado com HEPES, no qual o NaCl foi substituído por KCl, na presença de um extrato de eritrócitos 33% descongelado e suplementado com soro; ATP dipotássico (1,6 µM); e piruvato (3,6 µM). Evidências ultra-estruturais indicaram a ausência da membrana parasitófora nessas formas extracelulares, mas o desenvolvimento ocorreu, sugerindo que fatores presentes no eritrócito, mas não necessariamente na localização intracitoplasmática do parasita, eram necessários para o desenvolvimento. Num estudo posterior, verificou-se que as preparações de eritrócitos sonicados (cerca de 50% de extrato de eritrócitos), com ATP (2 μM) e piruvato (5 μM) adicionados, suportavam um melhor desenvolvimento do *P. falciparum* extracelular do que as preparações congeladas-descongeladas, com cerca de 30% dos merozoítos a desenvolverem-se para fases posteriores. Estas formas extracelulares reagem aos mesmos anticorpos monoclonais a que as formas intracelulares respondem, sugerindo um padrão semelhante de diferenciação molecular.

Sistema de cultivo bifásico

Um maior refinamento da técnica de cultivo axénico envolveu a utilização de um sistema bifásico com merozoítos incorporados num substrato de Matrigel num poço contendo uma sobreposição de meio fluido. A coenzima A, adicionada como suplemento ao meio básico (0,15 μM), pode melhorar a formação de fases posteriores do ciclo de vida, embora o seu papel não tenha sido claro num estudo anterior. O meio fluido pode ser alterado com perturbações mínimas para os parasitas que se desenvolvem na camada de Matrigel. Os parasitas em fase de anel que se desenvolviam no Matrigel atingiram tamanhos maiores e apresentaram motilidade, embora apenas cerca de 1% dos merozoítos inoculados tenham completado o ciclo assexuado in vitro. Trager et al. postularam que o contacto entre o parasita e a espectrina no sonicado dos eritrócitos pode ser um fator importante para o desenvolvimento. Mais recentemente, Williams et al. aumentaram a produção de esquizontes que se formam extracelularmente através da adição de fantasmas de eritrócitos obtidos por lise osmótica, para duplicar a quantidade de membrana presente. Estes resultados apoiam o papel crítico da membrana eritrocitária no desenvolvimento do parasita da malária. O papel do Matrigel, uma preparação de membrana basal de tecido solubilizada, pode ser simplesmente o de fornecer ao parasita um substrato que se aproxima da matriz citoplasmática na qual os merozoítos começam a desenvolver-se. O Matrigel também tem sido um fator importante no cultivo das fases de mosquito do ciclo de vida do P. falciparum.

Gametocitogénese

Os gametócitos são os precursores do macrogameta (gameta feminino) e do espermatozoide que se fundem para formar um zigoto móvel em forma de banana, o ookinete, na parede do intestino do mosquito. In vivo, o desenvolvimento dos gametócitos ocorre dentro dos eritrócitos no sistema circulatório periférico do hospedeiro vertebrado. Estes estádios são recolhidos pelo mosquito sugador de sangue, no qual completam o ciclo sexual do parasita da malária. In vitro, existe variação entre diferentes estirpes de P. falciparum no que respeita à formação de gametócitos, e mesmo entre diferentes clones da mesma estirpe do parasita. Como exemplo deste último caso, Bhasin e Trager isolaram três clones de uma estirpe hondurenha de P. falciparum, dos quais dois desenvolveram gametócitos e um não.

Indução da formação de gâmetas

A formação de gametócitos em culturas pode ser melhorada alterando o meio de crescimento sem fornecer eritrócitos frescos. As condições de cultura também afectam a gametocitogénese de P. falciparum. As estirpes recentemente isoladas têm maior probabilidade de formar gametócitos do que as estirpes que estiveram em cultura durante longos períodos de tempo. Ifediba e Vanderberg relataram que a hipoxantina (50 μg/ml) era necessária para a indução e maturação de gametócitos formados em culturas de P. falciparum; sem hipoxantina, os mosquitos que se alimentavam de culturas contendo gametócitos não desenvolviam infecções por oocistos. Outros relataram que alguns compostos de amónio (carbonato de amónio ou bicarbonato de amónio, mas não cloreto de amónio ou acetato de amónio) com ou sem concanavalina A desencadeiam a formação de gametócitos no terceiro dia após o tratamento. A evidência de que a transdução de sinal está envolvida na gametocitogénese vem de vários estudos em que se demonstrou que os mensageiros secundários, ou compostos que os afectam, aumentam a formação de gametócitos. O AMP cíclico (cAMP) e o dibutiril cAMP (1 mM) aumentaram a formação de gâmetas em P. falciparum). Trager e Gill) utilizaram compostos de forbol (12-miristato-13-acetato de forbol e dibutirato de forbol) e um inibidor da fosfodiesterase (8-bromo cAMP) para promover a produção de gametócitos em 50% ou mais em culturas de P. falciparum; verificaram, no entanto, que o AMPc e a forskolina não tinham efeito na diferenciação dos gametócitos. Lingnau et al. examinaram o papel de várias hormonas na gametocitogénese de P. falciparum em meio sem soro. A exflagelação, a diferenciação e o desenvolvimento de gâmetas masculinos a partir de um gametócito masculino, foi conseguida in vitro por Carter e Beach através da lavagem de gametócitos em soro fetal bovino ou humano a pH 8. Não se observou qualquer indício de formação de gametócitos no cultivo a curto prazo de P. malariae.

Problemas com a indução

Ao contrário do ciclo de divisão assexuada que ocorre nos eritrócitos num período de 48 horas, a maturação dos gametócitos de P. falciparum requer cerca de 2 semanas. Os nutrientes presentes no eritrócito infetado seriam esgotados pelo parasita em desenvolvimento durante este período de tempo prolongado e podem ser um fator na dificuldade de induzir a formação de gametócitos in vitro. Os eritrócitos imaturos (reticulócitos) suportaram melhor a formação de gametócitos do que os eritrócitos maduros. Outros factores que afectam a formação de gametócitos podem incluir variações nos nutrientes presentes nos suplementos de soro do meio de crescimento, ausência de factores de ativação essenciais no RPMI 1640 e seleção de populações não formadoras de gametócitos em condições in vitro. Trager concluiu que nenhuma das técnicas atualmente disponíveis para induzir a gametocitogénese tem valor prático, em grande parte devido às dificuldades em obter gametócitos em quantidade. Estão disponíveis revisões da gametocitogénese.

Fases esporogónicas

O mosquito adquire os gametócitos a partir do sangue de um vertebrado. O desenvolvimento dos gametócitos em gâmetas masculinos e femininos é iniciado no intestino do mosquito. Os gâmetas fundidos formam um oocisto, que se desenvolve no hemocelo do inseto. Os esporozoítos desenvolvem-se no interior do oocisto e migram para as glândulas salivares do mosquito, para serem injectados no hospedeiro vertebrado seguinte que o inseto pica. É necessário um conjunto diferente de condições de crescimento para o cultivo bem sucedido destas fases do ciclo de vida do *P. falciparum*. Warburg e Schneider produziram com sucesso esporozoítos de *P. falciparum* numa cultura complexa de células de *Drosophila melanogaster* e um substrato de Matrigel, ao qual aderiram ookinetes. O desenvolvimento de esporozoítos demorou 12 a 16 dias. A aglutinina de gérmen de trigo foi utilizada para melhorar a transformação de zigotos em retortas e ookinetes, proporcionando um ambiente modificador que se aproxima das condições no estômago do mosquito para o desenvolvimento das fases sexuais. [23]

Capítulo 9. Controlo da malária

A malária é uma doença difícil de controlar, em grande parte devido à natureza altamente adaptável do vetor e dos parasitas envolvidos. Embora tenham sido e continuem a ser desenvolvidos instrumentos eficazes para combater a malária, é inevitável que, com o tempo, os parasitas e os mosquitos desenvolvam meios de contornar esses instrumentos se forem utilizados isoladamente ou de forma ineficaz. Para conseguir um controlo sustentável da malária, os profissionais de saúde precisarão de uma combinação de novas abordagens e ferramentas, e a investigação desempenhará um papel fundamental no desenvolvimento dessas estratégias de nova geração.

A malária tem um impacto significativo na saúde de bebés, crianças pequenas e mulheres grávidas em todo o mundo. Mais de 800.000 crianças africanas com menos de cinco anos morrem de malária todos os anos. A malária também contribui para a malnutrição infantil, que causa indiretamente a morte de metade das crianças com menos de cinco anos em todo o mundo. Cinquenta milhões de mulheres grávidas em todo o mundo estão expostas à malária todos os anos. Nas regiões onde a malária é endémica, um quarto de todos os casos de anemia materna grave e 20% de todos os bebés com baixo peso à nascença estão ligados à malária. Os cientistas estão a trabalhar para compreender melhor a forma como a malária afecta exclusivamente as crianças e as mulheres grávidas e para desenvolver novas ferramentas de investigação, métodos e produtos adequados a estas populações.

O desenvolvimento de uma vacina segura e eficaz contra a malária será fundamental para os esforços de controlo, prevenção e erradicação da doença. Atualmente, não existe nenhuma vacina autorizada contra a malária (ou qualquer doença parasitária que afecte os seres humanos). A complexidade do parasita *Plasmodium* e a falta de compreensão de processos críticos, como a proteção imunitária do hospedeiro e a patogénese da doença, têm dificultado os esforços de desenvolvimento de vacinas.

Os medicamentos antimaláricos, em combinação com programas de controlo de mosquitos, têm desempenhado historicamente um papel fundamental no controlo da malária em áreas endémicas, resultando numa redução significativa do alcance geográfico da doença malárica em todo o mundo. No entanto, ao longo dos anos, o aparecimento e a propagação de parasitas resistentes aos medicamentos contribuíram para o ressurgimento da malária, fazendo recuar os esforços de controlo. A necessidade de medicamentos novos e eficazes contra a malária tornou-se uma prioridade crítica na agenda mundial da investigação sobre a malária. [24]

A prevenção da malária baseia-se atualmente em dois métodos complementares: a quimioprofilaxia e a proteção contra as picadas de mosquito. Embora estejam a ser desenvolvidas várias vacinas contra a malária, ainda não existe nenhuma disponível.

Quimioprofilaxia

Na Europa, a quimioprofilaxia da malária destina-se apenas a viajantes para países onde a malária é endémica, que são classificados em três (ou quatro) grupos, para determinar qual o medicamento recomendado para a quimioprofilaxia. A escolha dos medicamentos depende do destino da viagem, da duração da exposição potencial aos vectores, do padrão de resistência dos parasitas, do nível e da sazonalidade da transmissão, da idade e da gravidez. Nos países endémicos, a quimioprofilaxia pode também ser recomendada para crianças pequenas e mulheres grávidas autóctones, dependendo do nível de endemicidade e da sazonalidade da transmissão.

Medidas de proteção pessoal contra as picadas de mosquito

Devido aos hábitos alimentares noturnos da maioria dos mosquitos *Anopheles*, a transmissão da malária ocorre principalmente à noite. A proteção contra as picadas de mosquitos inclui a utilização de redes mosquiteiras (de preferência redes tratadas com inseticida), o uso de roupas que cubram a maior parte do corpo e a utilização de repelente de insectos na pele exposta. O tipo e a concentração dos repelentes dependem da idade e do estatuto. [24]

Capítulo 10. Resistência biológica à malária

A resistência genética humana à malária refere-se a alterações hereditárias no ADN dos seres humanos que aumentam a resistência à doença e resultam numa maior sobrevivência dos indivíduos com a alteração genética. Evolutivamente, a existência destes genótipos deve-se provavelmente à pressão exercida pela evolução dos parasitas que causam a malária (do género *Plasmodium*). *Uma* vez que a malária infecta os glóbulos vermelhos, estas alterações genéticas são mais frequentemente alterações de moléculas essenciais para a função dos glóbulos vermelhos (e, por conseguinte, para a sobrevivência do parasita), como a hemoglobina ou outras proteínas ou enzimas celulares dos glóbulos vermelhos. Estas alterações protegem geralmente os glóbulos vermelhos da invasão dos parasitas *Plasmodium* ou da replicação dos parasitas no interior dos glóbulos vermelhos.

Resistência genética à infeção parasitária

Os parasitas microscópicos (como os vírus, os protozoários que causam a malária e outros) não se podem replicar por si próprios. Replicam-se invadindo as células dos hospedeiros e usurpando a maquinaria celular para se replicarem. Eventualmente, a replicação descontrolada faz com que as células se rompam, libertando os organismos infecciosos na corrente sanguínea. Aí, espalham-se e infectam outras células. À medida que as células morrem e os produtos tóxicos da replicação do organismo invasor se acumulam, surgem os sintomas da doença.

O processo de invasão da célula hospedeira, de sequestro da maquinaria celular, de replicação e de libertação final é um conjunto complicado de etapas. Proteínas muito específicas, codificadas pelo ADN do organismo infecioso e das células hospedeiras, permitem que estas etapas se realizem. Mesmo uma alteração muito pequena numa proteína crítica pode dificultar ou impossibilitar a infeção. Essas alterações podem surgir por um processo de mutação no gene que codifica a proteína. Se a alteração for no gâmeta, ou seja, no espermatozoide ou no óvulo que se juntam para formar um zigoto que se transforma num ser humano, a mutação protetora será herdada. Uma vez que as doenças letais matam muitas pessoas que não possuem mutações protectoras, com o tempo, muitas pessoas em regiões onde as doenças letais são endémicas acabam por herdar mutações protectoras.

As mutações podem ter efeitos prejudiciais ou benéficos, e uma única mutação pode ter ambos. A infecciosidade da malária depende de proteínas específicas presentes nas paredes celulares e noutros locais dos glóbulos vermelhos. As mutações protectoras alteram estas proteínas de forma a torná-las inacessíveis aos organismos da malária. No entanto, estas alterações também modificam o funcionamento e a forma dos glóbulos vermelhos, o que pode ter efeitos visíveis, quer abertamente, quer através do exame microscópico dos glóbulos vermelhos. Estas alterações podem afetar a função dos glóbulos vermelhos de várias formas que têm um efeito prejudicial sobre a saúde ou a longevidade do indivíduo. No entanto, se o efeito líquido da proteção contra a malária for superior aos outros efeitos prejudiciais, a mutação protetora tenderá a ser mantida e propagada de geração em geração.

Estas alterações que protegem contra as infecções da malária, mas que prejudicam os glóbulos vermelhos, são geralmente consideradas doenças do sangue, uma vez que tendem a ter efeitos evidentes e prejudiciais. A sua função protetora só recentemente foi descoberta e reconhecida. Algumas destas doenças são conhecidas por nomes fantasiosos e crípticos como anemia falciforme, talassemia, deficiência de glucose-6-fosfato desidrogenase, ovalocitose, eliptocitose e perda do antigénio de Gerbich e do antigénio de Duffy. Estes nomes referem-se a várias proteínas, enzimas e à forma ou função dos glóbulos vermelhos.

Resistência inata

O efeito potente da resistência inata controlada geneticamente reflecte-se na probabilidade de sobrevivência de crianças pequenas em ambientes maléficos. É necessário estudar a imunidade inata no grupo etário suscetível, com menos de quatro anos; em crianças mais velhas e adultos, os efeitos da imunidade inata são ofuscados pelos da imunidade adaptativa. É igualmente necessário estudar populações em que não se verifique a utilização aleatória de medicamentos antimaláricos.

Mecanismos de proteção

Os mecanismos pelos quais os eritrócitos que contêm hemoglobinas anormais, ou são deficientes em G6PD, estão parcialmente protegidos contra infecções por *P. falciparum* não são totalmente compreendidos, embora não faltem sugestões. Durante a fase de replicação no sangue periférico, os parasitas da malária têm uma elevada taxa de consumo de oxigénio e ingerem grandes quantidades de hemoglobina. É provável que a HbS nas vesículas endocíticas seja desoxigenada, polimerize e seja mal digerida. Nos eritrócitos que contêm hemoglobinas anormais, ou que são deficientes em G6PD, são produzidos radicais de oxigénio e os parasitas da malária induzem um stress oxidativo adicional. Isto pode resultar em alterações nas membranas dos glóbulos vermelhos, incluindo a translocação de fosfatidilserina para a sua superfície, seguida do reconhecimento e ingestão pelos macrófagos. Os autores sugerem que este mecanismo é suscetível de ocorrer mais cedo nos glóbulos vermelhos anormais do que nos normais, restringindo assim a multiplicação nos primeiros. Para além disso, a ligação das células *falciformes* parasitadas às células endoteliais é significativamente reduzida devido a uma apresentação alterada da proteína-1 da membrana eritrocitária do *P. falciparum* (PfMP-1). Esta proteína é o principal ligante de citoaderência e fator de virulência do parasita na superfície celular. Durante as fases finais da replicação do parasita, os glóbulos vermelhos aderem ao endotélio venoso e a inibição desta ligação pode suprimir a replicação.

A hemoglobina falciforme induz a expressão da heme oxigenase-1 nas células hematopoiéticas. O monóxido de carbono, um subproduto do catabolismo do heme pela heme oxigenase-1 (HO-1), evita a acumulação de heme livre circulante após a infeção por *Plasmodium*, suprimindo a patogénese da malária cerebral experimental. Foram descritos outros mecanismos, tais como o aumento da tolerância à doença mediada pela HO-1 e a redução do crescimento parasitário devido à translocação do micro-RNA do hospedeiro para o parasita.

Tipos de resistência inata

Acumularam-se provas de que a primeira linha de defesa contra a malária é proporcionada por uma resistência inata controlada geneticamente, exercida principalmente por hemoglobinas anormais e pela deficiência de glucose-6-fosfato desidrogenase. Os três principais tipos de resistência genética hereditária - doença falciforme, talassemias e deficiência de G6PD - estavam presentes no mundo mediterrânico no tempo do Império Romano.

Anomalias da hemoglobina

Hb S

Esta foi a primeira vez que uma doença genética foi associada a uma mutação de uma proteína específica e Pauling introduziu o seu conceito fundamentalmente importante de anemia falciforme como uma doença molecular transmitida geneticamente.

A base molecular da anemia falciforme foi finalmente elucidada em 1959, quando Ingram aperfeiçoou as técnicas de impressão digital de péptidos trípticos. Em meados da década de 1950, uma das formas mais recentes e fiáveis de separar péptidos e aminoácidos era através da enzima tripsina, que dividia as cadeias polipeptídicas degradando especificamente as ligações químicas formadas pelos grupos carboxilo de dois aminoácidos, a lisina e a arginina. Pequenas diferenças na hemoglobina A e S resultarão em pequenas alterações num ou mais destes péptidos. Para tentar detetar estas pequenas diferenças, Ingram combinou os métodos da eletroforese em papel e da cromotagrafia em papel. Com esta combinação, Ingram criou um método bidimensional que lhe permitiu "imprimir" comparativamente os fragmentos de hemoglobina S e A que obteve a partir da digestão tryspin. As impressões digitais revelaram aproximadamente 30 pontos peptídicos, havendo um ponto peptídico claramente visível na digestão da hemoglobina S que não era óbvio na "impressão digital" da hemoglobina A. O defeito do gene da Hb S é uma mutação de um único nucleótido (A para T) do gene da β-globina que substitui o aminoácido ácido glutâmico pelo aminoácido menos polar valina na sexta posição da cadeia β.

A HbS tem uma carga negativa mais baixa a pH fisiológico do que a hemoglobina adulta normal. Estudos recentes na África Ocidental sugerem que o maior impacto da Hb S parece ser a proteção contra a morte ou doenças graves - isto é, anemia profunda ou malária cerebral - enquanto tem menos efeito na infeção per se. As crianças heterozigóticas para o gene falciforme têm apenas um décimo do risco de morte por falciparum do que as homozigóticas para o gene da hemoglobina normal. A ligação dos eritrócitos *falciformes* parasitados às células endoteliais e aos monócitos do sangue é significativamente reduzida devido a uma apresentação alterada da proteína 1 da membrana eritrocitária do *Plasmodium falciparum* (PfEMP-1), o principal ligando de citoaderência do parasita e fator de virulência na superfície dos eritrócitos. A proteção também deriva da instabilidade da hemoglobina falciforme, que agrupa a proteína integral predominante da membrana dos glóbulos vermelhos (denominada banda 3) e desencadeia uma remoção acelerada pelas células fagocíticas. Os anticorpos naturais reconhecem estes aglomerados nos eritrócitos senescentes. A proteção por HbAS envolve o aumento não só da imunidade inata mas também da adquirida contra o parasita. A desnaturação prematura da hemoglobina falciforme resulta num aumento da regulação dos anticorpos naturais que controlam a adesão dos eritrócitos tanto na malária como na doença falciforme. A identificação dos estímulos que levam à ativação endotelial constituirá uma estratégia terapêutica promissora para inibir a adesão dos eritrócitos falciformes e a vasco-oclusão.

P. Brain também, enquanto trabalhava na Rodésia do Norte, sugeriu que, embora os homozigotos para o gene das células falciformes sofressem de vários problemas, os heterozigotos poderiam estar protegidos contra a malária.

Talassemias

Há muito que se sabe que um tipo de anemia, denominada talassemia, tem uma frequência elevada em algumas populações mediterrânicas, incluindo os gregos e os italianos do sul. O nome deriva das palavras gregas para mar (thalassa), que significa o mar Mediterrâneo, e sangue (haima). Vernon Ingram merece o crédito por explicar a base genética das diferentes formas de talassemia como um desequilíbrio na síntese das duas cadeias polipeptídicas da hemoglobina.

Na variante mediterrânica comum, as mutações diminuem a produção da cadeia β (β-talassemia). Na α-talassemia, que é relativamente frequente em África e em vários outros países, a produção da cadeia α da hemoglobina está diminuída e existe uma relativa sobreprodução da cadeia P. Os indivíduos homozigóticos para a β-talassemia têm anemia grave e é pouco provável que sobrevivam e se reproduzam, pelo que a seleção contra o gene é forte. Os homozigóticos para a α-talassemia também sofrem de anemia e existe algum grau de seleção contra o gene.

O sopé dos Himalaias inferiores e o Terai interior ou os vales de Doon do Nepal e da Índia são altamente afectados pela malária devido a um clima quente e a pântanos sustentados, durante a estação seca, por águas subterrâneas que se infiltram nas colinas mais altas. As florestas de paludismo foram mantidas intencionalmente pelos governantes do Nepal como medida de defesa. Os seres humanos que tentavam viver nesta zona sofriam uma mortalidade muito mais elevada do que nas altitudes mais elevadas ou na planície mais seca do Ganges. No entanto, o povo Tharu vivia nesta zona há tempo suficiente para desenvolver resistência através de múltiplos genes. Estudos médicos efectuados entre a população Tharu e não-Tharu do Terai revelaram que a prevalência de casos de malária residual é quase sete vezes inferior entre os Tharus. A base da resistência foi estabelecida como sendo a homozigotia do gene da α-talassemia na população local. [27]A endogamia ao longo das castas e das linhas étnicas parece ter impedido que estes genes se difundissem mais nas populações vizinhas.

Eritróides HbC e HbE

Há provas de que as pessoas com a-talassemia, HbC e HbE têm algum grau de proteção contra o parasita. A hemoglobina C (HbC) é uma hemoglobina anormal com substituição de um resíduo de lisina por um resíduo de ácido glutâmico da cadeia de β-globina, exatamente na mesma posição β-6 que a mutação HbS. A designação "C" para HbC vem do nome da cidade onde foi descoberta - Christchurch, Nova Zelândia. As pessoas com esta doença, especialmente as crianças, podem ter episódios de dores abdominais e articulares, baço aumentado e iterícia ligeira, mas não têm crises graves, como acontece na doença falciforme. A hemoglobina C é comum em zonas maléficas da África Ocidental, especialmente no Burkina Faso. Num grande estudo caso-controlo realizado no Burkina Faso com 4.348 indivíduos Mossi, a HbC foi associada a uma redução de 29% do risco de malária clínica nos heterozigotos HbAC e de 93% nos homozigotos HbCC. A HbC representa uma adaptação genética "lenta mas gratuita" à malária através de um polimorfismo transitório, em comparação com a adaptação policêntrica "rápida mas dispendiosa" através do polimorfismo equilibrado da HbS. A HbC modifica a quantidade e a distribuição da variante do antigénio *P. falciparum* erythrocyte membrane protein 1 (PfEMP1) na superfície dos glóbulos vermelhos infectados e a apresentação modificada das proteínas de superfície da malária reduz a adesividade do parasita (evitando assim a eliminação pelo baço) e pode reduzir o risco de doença grave.

A hemoglobina E é causada por uma mutação pontual no gene da cadeia beta com uma substituição de glutamato por lisina na posição 26. É uma das hemoglobinopatias mais prevalentes, com 30 milhões de pessoas afectadas. A hemoglobina E é muito comum em partes do sudeste asiático. Os eritrócitos HbE têm uma anormalidade de membrana não identificada que torna a maioria da população de hemácias relativamente resistente à invasão pelo P falciparum. [25]

Capítulo 11. Vacinas contra a malária

Os parasitas da malária são transmitidos pela picada das fêmeas dos mosquitos *Anopheles*. O parasita *Plasmodium falciparum* é responsável pela maioria das infecções de malária e por quase todas as mortes causadas pela doença em todo o mundo. A maioria das vacinas anteriormente experimentadas envolvia a utilização de· moléculas individuais encontradas no agente patogénico. No entanto, não foram capazes de proporcionar imunidade suficiente contra a doença. O estudo de Tuebingen envolveu 67 pessoas adultas saudáveis, nenhuma das quais tinha tido malária anteriormente. A melhor resposta imunitária foi demonstrada num grupo de nove pessoas testadas que receberam a dose mais elevada da vacina três vezes com intervalos de quatro semanas. No final do ensaio, todos estes nove indivíduos tinham 100% de proteção contra a doença.

"Esta proteção foi provavelmente causada por linfócitos T específicos e respostas de anticorpos aos parasitas no fígado", explicou o Professor Peter Kremsner. Os investigadores analisaram as reacções imunitárias dos organismos e identificaram padrões de proteínas que permitirão melhorar ainda mais as vacinas contra a malária, acrescentou Kremsner. Os investigadores injectaram parasitas vivos da malária nas cobaias, impedindo ao mesmo tempo o desenvolvimento da doença através da adição de cloroquina - que tem sido utilizada para tratar a malária há muitos anos. Isto permitiu aos investigadores explorar o comportamento dos parasitas e as propriedades da cloroquina.

Quando a pessoa é infetada, o parasita *Plasmodium falciparum* migra para o fígado para se reproduzir. Durante o seu período de incubação, o sistema imunitário humano pode reagir; mas, nesta fase, o agente patogénico não faz com que a pessoa fique doente. Para além disso, a cloroquina não faz efeito no fígado, pelo que não consegue impedir a reprodução do parasita. A malária só se manifesta quando o agente patogénico deixa o fígado, entrando na corrente sanguínea e indo para os glóbulos vermelhos, onde continua a reproduzir-se e a propagar-se. No entanto, assim que o agente patogénico entra na corrente sanguínea, pode ser morto pela cloroquina - e a doença não se pode manifestar.

"Ao vacinar com um agente patogénico vivo e totalmente ativo, parece claro que conseguimos desencadear uma resposta imunitária muito forte", afirmou Benjamin Mordmueller, líder do estudo. "Além disso, todos os dados de que dispomos até agora indicam que o que temos aqui é uma proteção relativamente estável e duradoura." No grupo de pessoas testadas que demonstraram 100% de proteção depois de receberem uma dose elevada três vezes, disse Mordmueller, a proteção continuava a existir de forma fiável após dez semanas - e permaneceu mensurável durante ainda mais tempo. Acrescentou ainda que a nova vacina não apresentou efeitos adversos nas pessoas testadas. O próximo passo é testar a eficácia da vacina ao longo de vários anos num estudo clínico no Gabão, financiado pela DZIF. A malária é uma das maiores ameaças à saúde no país africano. Há muitos anos que a Universidade de Tuebingen colabora com o Hospital Albert Schweitzer, na cidade gabonesa de Lambaréné, e com o instituto de investigação vizinho, o Centre de Recherches Médicales de Lambaréné.

A malária é uma das doenças infecciosas mais mortais a nível mundial. A Organização Mundial de Saúde refere que, só em 2015, cerca de 214 milhões de pessoas foram infectadas com malária. Cerca de 438.000 morreram da doença. Cerca de 90 por cento dessas mortes por malária ocorreram em África. Quase três quartos das pessoas que sucumbem à doença são crianças com menos de cinco anos. A procura de uma vacina dura há mais de um século. Uma vacina eficaz facilitaria o controlo da malária; poderiam ser realizadas campanhas de vacinação em zonas gravemente afectadas para eliminar o agente patogénico. Essa vacina poderia também ajudar a travar a propagação da resistência ao tratamento e a proteger melhor os viajantes[26] .

Referências:

1- http://www.vivaxmalaria.com/template_disease.htm

2- https://www.cdc.gov/malaria/

3- http://www.healthline.com/health/malaria#overview

4- https://www.nobelprize.org/educational/medicine/malaria/readmore/history.html

5- http://www.who.int/mediacentre/factsheets/fs094/en/

6- https://www.cdc.gov/malaria/about/biology/

7- http://www.malariasite.com/life-cycle/

8- http://www.malariasite.com/pathology/

9- http://www.nhs.uk/Conditions/Malaria/Pages/Symptoms.aspx

10- https://www.hse.ie/eng/health/az/M/Malaria/Complications-of-malaria.html

11- https://www.cdc.gov/malaria/about/biology/mosquitoes/

12- https://www.cdc.gov/malaria/about/biology/mosquitoes/

13- https://www.mmv.org/malaria-medicines/five-species?gclid=CjwKCAjw2s_MBRA5EiwAmWIacyuPWDQEKyYQgaz6pvfDZ1lQGOR8_NU93purYG53jCPCmkr0GfP0uxoCYwoQAvD_BwE

14- http://scientistsagainstmalaria.net/parasite/plasmodium-falciparum

15- https://en.wikipedia.org/wiki/Plasmodium_vivax

16- https://microbewiki.kenyon.edu/index.php/Plasmodium_malariae

17- http://eol.org/pages/10408875/overview

18- https://en.wikipedia.org/wiki/Plasmodium_ovale

19- https://www.ncbi.nlm.nih.gov/pubmed/23554413

20- https://academic.oup.com/cid/article/46/2/172/454007/Plasmodium-knowlesi-The-Fifth-Human-Malaria

21- https://en.wikipedia.org/wiki/Plasmodium_knowlesi

22- https://www.ncbi.nlm.nih.gov/pmc/articles/PMC2688806/

23- http://cmr.asm.org/content/15/3/355.full

24- https://ecdc.europa.eu/en/malaria/prevention-and-control

25- https://en.wikipedia.org/wiki/Human resistência genética à malária